感受美 创造美

郝言言 编著

穿美的衣服
打造舒心的家居空间
成为生活美学家
过美好幸福的生活

黑龙江科学技术出版社
HEILONGJIANG SCIENCE AND TECHNOLOGY PRESS

图书在版编目（CIP）数据

感受美　创造美 / 郝言言编著. -- 哈尔滨：黑龙江科学技术出版社，2024.1

ISBN 978-7-5719-2200-9

Ⅰ.①感… Ⅱ.①郝… Ⅲ.①女性—修养—通俗读物 Ⅳ.①B825.5-49

中国国家版本馆CIP数据核字(2023)第230794号

感受美　创造美
GANSHOU MEI CHUANGZAO MEI

作　　者	郝言言
责任编辑	孙　雯
封面设计	正尔图文
出　　版	黑龙江科学技术出版社
	地址：哈尔滨市南岗区公安街70-2号　邮编：150007
	电话：（0451）53642106　传真：（0451）53642143
	网址：www.lkcbs.cn
发　　行	全国新华书店
印　　刷	三河市人民印务有限公司
开　　本	170 mm × 240 mm　1/16
印　　张	13.75
字　　数	150千字
版　　次	2024年1月第1版
印　　次	2024年1月第1次印刷
书　　号	ISBN 978-7-5719-2200-9
定　　价	58.00元

【版权所有，请勿翻印、转载】

前言

  美是什么？有人说美是拥有毫无瑕疵的容颜，于是费心费力地微调、整形，追求千篇一律的高鼻梁、大眼睛和尖下巴；有人说美是给人永远年轻的感觉，于是不管在什么场合都穿着扮嫩的衣服，给人一种强行"凹造型"的突兀感；有人说美就是引领时尚，于是衣橱里堆满了衣服，却依然填不满自己对美的渴望；有人说美是收藏各种限量版包包，于是毫无节制地买，哪怕是透支信用卡也在所不惜。

  在追求美的途中，我们渐渐地迷失了自我，在时尚的激流下随波逐流，最终坠入欲望的深渊。其实，美不是攀比争艳。女人真正的美，是内心的安静，是内心的底气。而这份底气来自对精致生活的爱和对闪闪发光生活的追求。

  精致能让我们更加自信，从而让我们遇见更好的自己。不管我们处于哪一个年龄段，精致都是我们女人最好的生活方式。一个女人精致并不是意味着时时刻刻都穿得光芒四射，而是要建立在得体的基础上，在不同的场合恰如其分地将自己的美展现出来。这就需要我们合理地进行穿衣搭配，来提升自己的魅力。但这也并不是说我们要花大量的钱去购买当季流行的单品，而是我们要了解自己的体型，根据体型去穿衣搭配，构建好自己的穿衣风格，从而去追求品质生活。

  世人常说，女人如花。每个女人都有开花的权利，可惜的是，不是每一个女人都能在花期来临时娇艳地绽放。能否芳香浓郁，能否光彩照人，在于是否能通

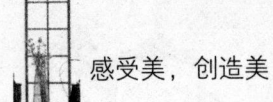

过衣饰优雅地将自己的美展现出来。

饶雪漫在《沙漏》中说:"追求精致干净的品质生活,在城市的喧嚣与家庭的宁静中寻找一个平衡点。"我们总会遇见人生的各种美好,山明水秀的风景、色味俱佳的美食、鲜艳夺目的穿搭、与心灵契合的音乐或电影、对的人、宿命里的那只猫。我们会为这些美好停驻,"人因室而立,宅因人得存"。我们总要有一个住的地方,小时候和父母生活在一起,长大了或许会搬进新房,独居或与人同住。对于这些见证了我们生命大部分时光的空间,我们要善于装点它。

我们人类天生爱美,向往美好的事物,也会生出占有欲。这是由于美好的事物能给我们带来源于内心深处的愉悦感。因此,为了让自己感受到美,感受到温馨,感受到岁月静好,我们需要把自己的家装饰得美美的,让自己在柴米油盐之中也能保持优雅。

当前,很多人靠"买买买"来充实自己,导致其居家环境越来越糟糕。如果没有费一番心思去整理的话,很可能连活动的空间都不够。很多时候虽然想添一些美物来装饰一下自己的小窝,由于没有利用好,最终都变成添堵之物。那么,我们怎样恰到好处地装点我们的家,让它给我们提供温馨感觉的同时,又让人赏心悦目呢?

想要如此,前提条件是我们的家必须整洁,这就涉及收纳。我们要掌握科学合理的收纳法则。其次,我们还要学会装点自己的家,例如要注重家中家具、地板等的色彩搭配,会利用灯饰来渲染环境气氛,会用花草打造一个舒适的家居环境,等等。

与此同时,我们还需要提高自身的艺术涵养,如可以学习音乐、绘画、茶艺等。这能让我们获得自信,提升气质,成为闪闪发光的自己。

前言

　　《感受美，创造美》这本书专为女性而作，助我们成为更好的自己。本书从五个方面讲述在现实生活中如何进行穿衣搭配，如何管理自己的衣橱，以及追求品质生活等。

　　苏联著名教育家苏霍姆林斯基曾经说："美是一种心灵的体操——它使我们精神正直、心地纯洁、感情和信念端正……经过长期美的陶冶，会在不知不觉中使人感到丑恶的东西是不可容忍的。让美把丑与恶排挤出去，这是教育的规律。"

　　相信读完《感受美，创造美》这本书的我们一定能对美有新的感悟，领悟到如何优雅地去生活，把简单的日子过成诗。

第一章 打造舒心家居空间 / 1

格调，时尚与温馨的撞击 / 3

色彩——家的风景线 / 8

七彩灯饰耀我心 / 13

从简化厨房开始 / 17

让客厅和餐厅简单起来 / 20

卫生间里的魔法 / 23

看玄关便知四季 / 26

在晨光里怒放的阳台 / 29

卧室花色生香 / 32

闻弦音而知雅意的书房 / 35

第二章 给生活加点花花草草 / 39

卧室阳台上如温室一般的花田 / 40

种植"水树"的快乐 / 44

苔藓和石头，越朴实越好 / 49

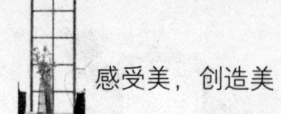

感受美，创造美

渊源流长的东方式插花 / 53

享受制作乐趣的"花配"手法 / 57

书与花与茶 / 61

玄关处的花，生活里的小确幸 / 65

参透花草的智慧 / 69

春色如许话耕读 / 73

我们的百草园 / 77

第三章　家居收纳的秘密 81

科学合理的收纳法则 / 82

归纳做得好，居住体验妙 / 86

从无章法的"收拾狂"到"整理大师" / 90

"归位"是为了更好的"使用" / 94

理好衣橱的秘密 / 98

琐碎的卧室抽屉整理 / 102

文件和杂物的收纳 / 106

为了靠近自由，可以极简的六大件 / 110

收纳工具越少，极简越到位 / 114

断舍离是处理过去的烂摊子 / 118

第四章　为服饰搭一搭配一配 / 123

风格各不相同，学会欣赏自己 / 124

穿搭真正的基础，是对生活的感悟能力 / 128

丝巾，让我们回到女人的优雅状态 / 132

扬长避短穿衣法 / 136

场合着装，做懂礼仪的优雅女人 / 140

别再做偷穿大人衣服的小女孩 / 144

"极简搭配"也能玩转办公室 / 148

长裤与短裙的和谐碰撞 / 152

衣橱里的主力军——基础单品 / 156

我的一周衣橱 / 160

第五章 来自生活的艺术之美 / 165

生活美学成为全球美学新路标 / 166

生命节奏的"律动感" / 170

"修禊"变身"雅集" / 174

书法并非纯艺术 / 178

雅俗共赏的茶文化 / 182

"微时代"：小、快、即时的美学 / 187

现代宫、商、角、徵、羽 / 191

请与我手谈一局 / 196

从"涂鸦"到"装点" / 200

我的小资生活 / 204

第一章

打造舒心家居空间

以生活意趣来点缀空间的每一个细节，于无形中透露出主人对空间的驾驭能力。在整体布局选择上，保持与空间风格的一致性，自然而不拘谨。无论是色彩还是造型，如鱼得水的装饰手法将会不拘一格，没有丝毫的强求。在与晨曦光影和摆设物件的互动里感受美对日常生活的滋养。

§格调，时尚与温馨的撞击

我们总会遇见人生的各种美好，山明水秀的风景、色味俱佳的美食、鲜艳夺目的穿搭、与心灵契合的音乐或电影、对的人、宿命里的那只猫。我们会为这些美好停驻，"人因室而立，宅因人得存"。我们总要有一个住的地方，小时候和父母兄弟生活在一起，长大了或许会搬进新房，独居或与人同住。对于这些见证了我们生命大部分时光的空间，我们都有很多想法。

怀古意：万物留痕

《易经·系辞下传》说："上古穴居而野处，后世圣人易之以宫室，上栋下宇，以待风雨，盖取诸大壮。"意思是说，上古之人原本居于野外的洞穴之中，遇到雷雨交加的天气，往往苦不堪言，圣人于是发明房屋以避难。这句话形象地说明了住宅对人类的重要意义。

时至今日，住宅已经不再只是一个简单的居住空间，而是成了人们追求高品质生活的必需品。伴随着物质生活条件的不断改善，越来越多的家庭开始重视生活质量，追求有品位、有格调、有自然气息的生活空间，以期在温馨舒适的家庭

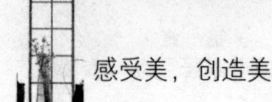 感受美，创造美

环境中，充分享受生活的无穷乐趣。

突然想起苏轼的一首诗《和子由渑池怀旧》："人生到处知何似，应似飞鸿踏雪泥。泥上偶然留指爪，鸿飞那复计东西。老僧已死成新塔，坏壁无由见旧题。往日崎岖还记否，路长人困蹇驴嘶。"这首诗里物非人也非，人在物却无，怎么不让人惆怅，但也有对旧物留下痕迹的欣慰以及看破世事后的放下与洒脱。万物或留痕，或痕久竟无迹，心却始终在意，这也许就是旧物与空间设计的精髓吧——即使空得连个爪印都没有留下，但依然充盈着某种精神气息。

对于这种意境我心向往之。老物件总是有很多故事，在昏黄的灯光下被姥姥哄睡时，在母亲一边踩缝纫机一边回头的描述中，一个个或神秘刺激、或温馨感人的故事被她们娓娓道来，那曾是我童年的快乐源泉。

我小时候就知道家里有老物件，并且对于母亲意义非凡。那是一对香樟实木衣箱，是姥姥传给她的嫁妆箱，母亲一直用来存放不应季的衣物，很妥善地使用和保存着。母亲有时往衣箱里放东西时会忽然摸着箱子沉吟许久，然后继续忙碌，却不说一句话。我小时候不懂，如今却能体会一二。姥姥家虽然不和我们在一个城市，但在交通如此发达的时代，要回去一趟并不难。但是母亲嫁过来后，上要孝顺公婆，下要照顾小叔子，很快又有了姐姐和我，她们那个年代的女性大体以奉献为己任，听说直到我周岁时才第一次回了娘家。可以想象得到，她对姥姥的思念之情，大概都寄托在这对衣箱上了吧。

这对衣箱一直留到现在。其间换了房子，但衣箱总是被搁置在卧室最醒目的位置，是怀古，也是念旧；是思念，也是陪伴。

趋光性：向美而生

秋日晨间清凉，檐下读王维，那些句子着实可喜："轻阴阁小雨，深院昼慵开。坐看苍苔色，欲上人衣来。""行到水穷处，坐看云起时。偶然值林叟，谈笑无还期。"

中国古人，从来不把品味与生活完全分开。他们在后花园里坐下，看书、听曲、弹琴；他们穿行在草木间，弄蒲、闻香、吟诗、饮酒，这既是生活，还是品味。所有的这些生活细节，只是他们整个精神世界的一种外在形式。一个向往美好事物的人，他的生活，便是他所有的也是唯一的境界。

每个人都有自己的性格特点，每个房子也有属于它的格调，或自由、或热烈、或素雅、或浓艳。我们在对房子的修饰中了解彼此、寻找共鸣，我们在与房子的相处中感受光阴、体会人生。

我住的房子有过比较频繁的风格调整阶段。刚毕业不久时，我特别追求自由，喜欢奇特的布置，由于姐姐已经搬出去了，房间完全由我支配，于是我把原本很温馨的小房间改造得"面目全非"——夸张的色彩搭配、怪异的桌椅造型、诡异的摆设，用我现在的眼光看，大概很像叛逆期的延迟爆发。

从学生到职场新人的过渡快速而又锋利，本该有的疼痛彷徨是在之后的一年里慢慢显现和体会的。总担心自己做得不够好，所以每天自觉晚走，大概有两三个月没有见过黄昏的夕阳，陪伴我回家的都是一轮孤独的月亮。直到一个周末，我疲惫地整理房间时，看到这与整个家格格不入的跳脱张扬，忽然就不再喜欢了。于是我心里知道，这大概就是成长。于是我又把原来的家具摆设搬回来了，

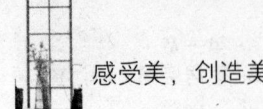

恢复房间最初的样子，也是最适合的样子。

后来渐渐习惯了工作状态，心境也变得平稳，认识不同的朋友，读更多的书，谈恋爱、结婚，有了另一套房子。谈及整体装修时，我和先生商量说："照着我妈妈家的风格吧，我感觉那样才像家。"

母亲家的装修既不豪华也不典雅，更没有什么文艺复兴或是巴洛克风格，它可能和这个城市的大多数房子一样，清晨被子上会有阳光的味道，晚归会看见窗子里透出一片暖暖的光。然而这的确就是我对"家"的定义，是我终其一生不想离开的心灵港湾。

造宅记：桃花深处

有一天在书店闲逛，看见《明天也是小春日和》这本书，一下子就被书中所描绘的生活吸引住了。津端修一先生和津端英子女士生活在乡间一幢原木小屋里，屋子大约有七十二平，没有玄关，整幢房子就只有一个房间。这间一居室由当过建筑师的修一先生亲手建造，仿照了他尊敬的建筑师安东尼·雷蒙德的自宅设计。屋子的顶棚很高，有坡度的横梁把屋顶缓缓撑起，优雅而稳固。

看到这本书时恰好我们家要进行重新装修。我们当然没有能力自己盖一幢房子，但好在我有做家装设计师的朋友，可以从她那里得到很多灵感和建议。

我们的厨房原本是半开放式的，有点像吧台，当初的我们以为自己的生活会被聚会狂欢填满，而事实是我们不得不用更多工作外的时间给自己补充知识和技能，以胜任本职工作。随着工作和应酬的增加，我们越来越意识到自己动手做饭

第一章
打造舒心家居空间

既健康又能调节情绪，所以厨房的改造势在必行。

我们自己笨拙地画着图纸、列着清单，一步一步把家里的房间打造成最合适的样子，实现自己理想中的生活图景。

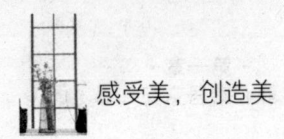
感受美，创造美

§色彩——家的风景线

大学时班上有一个同学，声称自己是色彩搭配师，谈起冷暖色调、衣服色彩搭配时头头是道。他说每个人都有专属于自己的色彩，如果不知道，这个人可能一辈子都不会穿衣搭配，总给人土里土气的感觉，把我们听得一愣一愣的，深觉长了知识。

冷暖色调浪漫唯美

我们生活的世界，因为有了色彩而变得绚丽多彩。每一种色彩都仿佛有神奇的魔力，无形之中牵动着我们的每一根神经，使我们的情绪发生微妙的变化。色彩具有奇妙的影响力，当看到如太阳、火焰等以暖色调为主的色彩时，我们往往会心跳加快，感觉到热烈、温暖；而当面对清澈的海水、冰山和湖面等以冷色调为主的色彩时，心情则会莫名地平静下来，从而感觉到凉爽和寒冷，而这些都是冷暖色调带给人们的心理感受。

我忽然意识到我家里人都更喜欢冷色调，无论是母亲和姐姐，还是先生和女儿，我们都更喜欢那些让人心情平静的色彩，比如黑和白，比如深蓝、碧绿，我们家里很少出现暖色调的物件，如果一定要说有，大概只有自己养的花是热

第一章
打造舒心家居空间

烈的。

我们家的家具基本都是黑白两色，地板是那种渐变的灰色，窗帘是灰蓝色，窗户则保留了原始的白色。其实在购买这些家具物件的时候，我们并没有考虑过色彩搭配的问题，但是买着买着、装着装着，就不自觉地搭配出了这个冷色系的家。

好像母亲家的老房子还是经历过色彩的迭代的。我记得小时候家里地上还铺过那种拼接的海绵块，那时正是我和姐姐都疯跑疯玩的年纪，家长大概是担心我们不小心摔倒被磕到。后来换成了地板，好像选的还是极不耐脏的颜色，那也是我和姐姐挨骂最多的时期，因为我们总是穿着外出的鞋直接冲进卧室。再后来，可能母亲受够了地板遇冷遇热会有裂缝或翘起的情况，就把地板全部换成了大理石的地砖，夏天最热的时候，我喜欢光着脚在家里走来走去，冰爽的感觉从脚底直冲向头顶。

姐姐特别喜欢白色，无论她的衣服穿搭也好，家具摆件也好，大多数都是纯白或近白色。可是后来她开始养猫养狗，它们掉的毛在白色的布艺沙发上不易被发现，家里人经常带着一身猫毛狗毛"招摇过市"，于是白色又被换成了米色、灰色、浅驼色，三花猫或是斑点狗趴在上面，竟也有一种静谧的浪漫唯美。

让人眼前一亮的客厅

大多数的客厅都在入户门不远处，无论是家人外出归来，还是有客至，客厅都是最先迎接人们的地方。而我一直觉得，对于像我一样的家庭主义者来说，客

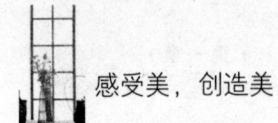
感受美，创造美

厅是产生幸福感的地方。

我们每一天、每一分、每一秒都在面临着各种各样的问题：复杂的同事关系，尘封的故友关系，初始的亲子关系……我们会感到疲惫，总需要休息，如果这个时候停下来，打开客厅的灯，梳理一下自己与物品的关系，也许就会在整理中发现自我，脱离执着，遗忘痛苦，不为昨天牵绊，不为明日忧虑，活在当下，重新安然自在。

客厅一词出现在20世纪二三十年代，著名作家巴金先生在《灭亡》第七章中写道："楼下客厅里，浅绿色的墙壁上挂了几张西洋名画，地板上铺着上等地毯。"说起客厅，大家首先想到的就是那个大电视机，以及全家人围坐在一起看电视的情景。这情景曾经出现在我奶奶家，也出现在我母亲家，后来又出现在我家。

国内早期的客厅由于受当时经济条件的限制，基本上都是卧室兼客厅，类似于后来的开间，也就基本没有客厅一说。直到20世纪七八十年代，随着居住环境的改善，有了食寝分离，渐渐地，各个房间的功能也更加分明。后来又有了"大厅小寝"一说，但不论是哪种情况，总归是为了寻求更加舒适的居住环境。

我们家的客厅有一个长条小桌，上面有一盆素雅又亭亭玉立的白掌，电视墙的对面是浅色的布艺沙发，是我最喜欢逗留的地方。白色小桌、白花绿叶、浅色沙发，在不开灯的情况下，只凭窗外折射进来的一缕阳光，这个客厅也能给人眼前一亮、豁然开朗的感觉。

真正的家一定是让我们舍不得离开的地方。健康的客厅不仅要住得舒服，还要让身心愉悦。那么，整理好一个优质的客厅到底有什么好处呢？大人会愿意坐在客厅的沙发上一边看书一边看着孩子在身边嬉戏玩耍，客厅的落地小夜灯、沙发的抱枕则可以缓解工作一天的疲惫，充满阳光的客厅会让我们不知不觉地露出笑容，和植物一样定期进行光合作用来修复身心。

卧室的古色古香

我们不知道人类祖先最早使用的床是什么样的。他们生活在四处游荡着饥肠辘辘的捕食者的荒芜之地，起先睡在树上，随着时间的推移，他们学会躲进可以遮风挡雨的岩石下面或是可以当作开放营地的洞穴里，在明亮的火堆前缩紧身体，相互依偎而眠。

已知最古老的"床"是从南非的一个洞穴中挖掘出来的。7.7万年前，一批原始人在洞穴的地面上挖出了这些床，将其作为休息的地方，尽管它们的实际用途要广泛得多。在温暖舒适的现代房屋里，我们早已忘记人类祖先在自然环境中是多么脆弱，但对于人们睡觉的方式和场所而言，感到温暖、安全总是至关重要的。

我们家卧室里的床换过一次，毕竟人生的三分之一时光都要在这里度过，为它大动干戈也很值得。原来的床是1.8米×2.0米，实际使用后我发现还是有些不够用，至少我和先生同时拿着笔记本电脑时就难免会碰到彼此。于是我们决定把它换成2.0米×2.2米，并且由于我当时正沉迷于古代家具摆设，而最终定制

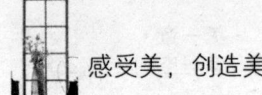

了一张仿古的拔步床。

为了配合床的风格，我的梳妆台也重新定制，"小山重叠金明灭，鬓云欲度香腮雪。懒起画蛾眉，弄妆梳洗迟。照花前后镜，花面交相映。新帖绣罗襦，双双金鹧鸪"。

·第一章·
打造舒心家居空间

§ 七彩灯饰耀我心 §

想在现代家居中营造家的气氛，"光"是最具表现力的角色，可以通过光的投射、强调、映衬、明暗对比等方法，来渲染环境气氛。因此，我们在选择灯具的时候应慎之又慎。我的不少朋友都和我有过一样的体会，选灯不光要有足够的时间，还要有足够的体力，在专卖灯具的场所，环顾四周时，满眼的耀眼光辉很快就会让我们眼花缭乱。

光影之间，温馨浪漫

其实，灯饰已经同房间色彩、样式、质地等因素一起，成为了室内设计不可缺少的部分。因为它们的功用早已不是普通照明那么简单，有时一盏专为我们点亮的灯光能够抚慰我们的心灵，温暖我们的身体，照亮我们的前路。

对于灯饰的选择，我的家装设计师朋友给出的建议是：第一，宜简不宜繁。她认为过于复杂甚至繁杂的造型对于面积不大的居室会有喧宾夺主、压抑的感觉，加上北方空气干燥，灰尘大，太复杂的灯具清洁起来会很麻烦。第二，既要考虑安全又要考虑方便。灯泡坏了是再平常不过的事情，换类似吸顶灯灯泡却是再麻烦不过的事情。顶棚矮点还好，如果稍微高一些，只踩凳子还可能够不着，登梯子爬高，昂首举臂，摘下的灯罩没处放，还得有个帮忙的助手。第三，风格

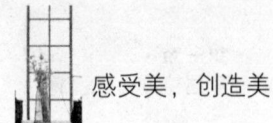
感受美，创造美

上要协调一致。灯具是整个居室设计的一部分，因此在风格上要保持协调一致，才能相互呼应。

我家玄关处是一排三个内嵌灯，灯光打在一挂水晶珠帘上，折射到下面小桌上的花盆里。光影朦胧且柔和，把花盆里的白掌照得风姿摇曳，有一种温馨的浪漫。这一处尤其让我喜欢。

也有人会把玄关的灯安装得明亮耀眼。我的一个同事，有一次请我们去做客，打开门的一刹那灯光骤然亮起，就像有道闪电劈过来，大家都感觉"一下子就精神了"。

我家的老房子客厅是那种暗厅，进门先眼前一黑，然后摸索着打开灯，基本就和那个同事家一样的感觉，明暗对比太强烈了。后来我和姐姐稍微大了一点，就在玄关处装了感应灯，每当有人开门，柔和的小灯便会先亮起来，这个时候再打开主灯，能让眼睛有一个适应的过程。

我的一个同学是摄像师，他家的玄关处是一束追光，灯光会跟着人走，不知道是哪里搜罗回来的高科技设备，特别神奇。

像彩虹一样耀眼

同样是光，既可以明亮耀眼，也可以昏黄浪漫，如果觉得单纯的白色灯光太枯燥，我们就可以在灯罩外观上多花一些心思。我们家的灯罩就有布艺、纸质、铁艺、水晶等不同材质，折射出来的效果也各有千秋，总能让人感觉到赏心悦目。

餐厅部分的灯饰比较温暖，我们选择的是垂悬的吊灯，错落有致的水晶灯柱中，射出几缕清澈的灯光。为了达到有助于用餐的作用，这类灯不宜安装得过高，我们家的这盏灯大概在我先生坐着时头顶略上一点，毕竟他是家里身高的天花板，只要灯柱不会碰到他的头就不会对用餐造成影响。中餐讲究色、香、味、形，往往需要明亮一些的暖色调，这时我们就会把灯的亮度调高；而享用西餐时，如果光线稍微暗柔一些，则可以营造浪漫情调，每当这时，我们会再把灯的亮度调低。

书房的环境应是文雅幽静，简洁明快的。光线最好从肩头上方照射，或在书桌前方装设亮度高又不刺眼的台灯。我们家书房上方是框住整个房间的嵌入式小灯，全部打开时可以照亮书房的每一个角落，还有部分开关的功能。书桌上则是嫩黄色布艺灯罩的台灯，坐在灯下读书时总感觉春光正好而自己依然年轻。角落里有一盏落地灯，藏蓝色的灯罩，透出的灯光像浅淡流动的海水，仿佛除了心灵被书籍滋养以外，眼睛也同时被洗涤。

我姐姐家卧室有一盏粉色刺绣灯罩的小台灯，灯光照在书上浪漫又梦幻，我喜欢了好久，却一直没能下决心去买，因为我觉得自己已经过了喜爱粉色的年龄。对此姐姐会给予意味不明的"呵呵"笑声，她大概觉得这就是矫情，是天蝎座不该有的情绪属性。

世界染上色彩

高明的家居布置者大都深知布光的重要性，或者说如我一样热爱生活的人都能体会到。我们往往能以外形美观，光照效果得体的灯饰为家居环境画龙点睛。而另一些人，不肯在这上面花心思，他们会抱怨从专卖店高价购得的家具置于家中却效果大减。

我的家装设计师朋友说，1加1是大于2还是小于2，全看我们对灯饰的实

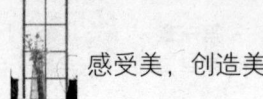
感受美，创造美

用性和艺术性的把握。作为无声的居室装饰语言，灯饰是我们传情达意、营造气氛的最佳工具。

这个世界是七彩的。当我们去看话剧、听音乐，一整天泡在图书馆看书、写笔记，和好朋友喝茶、逛街，去健身房练习瑜珈，远足、回到大自然，我们可以看到数不尽的缤纷色彩。但是当我们停下来，什么都不做，只是发发呆不说话，按照心跳的节奏去做事，感受一下自己的生活时，我们会发现，原来家里也有这么多色彩存在。

我们慢慢学会欣赏物品而不是去占有，学习与他人分享而不是独享，学习探索自我和生命之路，不惧旁人的异样目光，我们的心情有多美丽，我们的家就有多美丽。我们心里有多少色彩，这个世界就有多少色彩。

就像我一直想要却迟疑不肯买的粉色小台灯，就像母亲从姥姥那里得来的香樟木衣箱，就像童年秋千上停驻的那只七彩蝴蝶，就像我们家阳台上悬挂的那串蓝色风铃，我们每日生活在这色彩斑斓的世界里，既可以让周围充满柔光，也可以让家里挂满彩虹，我们得心应手地驾驭着家居色彩，也构筑着独属于自己的美好人生。

第一章
打造舒心家居空间

§ 从简化厨房开始

环顾一下我们的家，我们的办公室，我们会看到什么呢？一本本的书籍，一堆堆的杂物，显得那么凌乱，我们也许会觉得根本收拾不好了。当我们用一种更为全面的眼光审视一下自己现在的生活状态时，一个很显著的事实就摆在了我们的面前——复杂多样已成为人类存在的一个特性。

摆脱杂乱无章

我想大概没有人不想既成为一个称职的爱人、一个合格的家长，同时又做好自己的本职工作吧？在当下，不论是个人家庭事务，还是有关职业的事宜，要做好这一切都需要遵循它们自身固有的规律和规章制度。

当有一天，我无法再忍受家里凌乱不堪的厨房时，就决定简化它。我们选了一个周末，环顾整个厨房，开始列清单。目前厨房的整体问题是台面上摆满了物品，其实这些东西都是清洗干净的或者是平常用得频率多的，但是因为摆放极不规整，导致看起来像是放了至少一星期没清洁过的样子。

然后是细微之处，从小处着眼，比如几乎所有的调味瓶都放在台面上，这是因为做菜的时候都会用到。可是炉灶下方就是一个可以拉出来的侧边窄柜，上面第一排是专为调味瓶留的放置空间，如今这些位置都空置着。下一步需要做的是

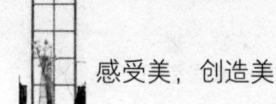
感受美，创造美

把这些调味瓶归位，然后在炉具前的墙面贴一张便签纸，提醒自己"做完菜记得把调味瓶归位"。人类七天就可以养成一个习惯，相信调味瓶的问题很快就可以解决。

我们家的厨房是那种整体的橱柜，其实收纳空间是足够大的，只不过因为平时工作确实特别忙，赶着时间做好饭，往往来不及整理就出门了。我们先整理好一个放调味瓶的侧边柜，接着整理另一个柜子，以此类推，在让厨房恢复整齐有序的过程中，没有什么可以让我们停下来。

用科学手法管理厨房

不管我们是住在宽敞的别墅里，还是住在狭窄的"鸽子楼"里，厨房都是所有房间里最为独特的一个地方。除了可以做饭，厨房还有很多其他的用途，比如举行聚会和储藏食品，有时候甚至还可以用来学习和玩耍。

我记得小时候，亲戚都住在一个城市，逢年过节的时候就会有大家族的聚会，一般都是每家轮流做东。轮到我们家的时候，由于大人孩子很多，每个房间每个角落都拥挤喧闹，这个时候母亲就会和几个姑姑躲在厨房里，趁着做饭的时间聊聊天。具体聊些什么我从来没有关注过，但是每当男人或者小孩子们想进去时就会被赶出来，同时说一句"快出去，别捣乱"。

美国著名的清洁专家唐·阿斯利特就是这么认为的："厨房是你付出劳动、花费时间最多的地方。普通的家庭主妇一生中会有十五年的时间在厨房里度过。"这个估算应该很适合我母亲那个年代或者更早些时候的女性，现代女性在厨房里的时间已经大大缩短，但不可否认的是，我们在厨房里的时间还是足够长的，所以，把厨房收拾得整洁、安全、使用方便，就显得格外重要了。

科学合理的收纳法则，就是让物品更容易被找到，取放更方便。比如我前面说的调味瓶，它们的摆放位置就在灶台下方，右手边的地方，当我或先生做菜时，只要轻轻一拉侧边柜，不用低头就可以拿出自己要用的调味瓶——所有调味瓶的摆放都是有顺序的，我们只要牢记用完放归原位就可以了。

过更简约的生活

如今，我们哪怕不是很富裕，手头的东西也在快速增加。在任何人的家里，尤其是有孩子的家里，物品可谓极其丰富，比以往任何时候都要丰富得多。所以如果要简化厨房，还不只是整理干净台面这么简单。

我有一段时间特别喜欢买餐具，看着那一套套青花瓷的、嫩黄色的、墨绿色的碗盘，我总是控制不住自己而下单。后来发现橱柜里已经放不下这么多餐具，我才开始头疼，为了保持厨房的简约，最后只好保留一套墨绿色的，其他则忍痛送到母亲家——她还是很欢迎的，因为她最近几年打碎碗盘的频率比以前多了一倍有余。

除了多余的餐具，我们还找出了厨房里其他不常用或功能重复的物品，并把它们也一一简化，经过逐步整理，我们家的厨房终于恢复了它简洁的模样。

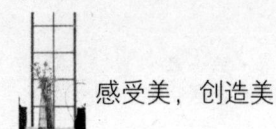

感受美，创造美

§让客厅和餐厅简单起来

生活是充满智慧细节的。这些智慧细节使得生活血肉丰满，也使得生活变得丰富多彩而美好。一个家如果只是有了房子，有了一些家具，有人赚钱回来，那也只能算有了一个家的框架。而这些生活中来的智慧细节让我们住的地方成为了一个真正的家。否则，生活一定是一片空白。

会隐身的餐厅

有些细节虽然很小，但却构成了生活的全部。关注细节就是在关注自己的个人生活，讲究细节就是讲究生活的品质。然而，我们常常会忽略生活中的这些细节，在大多数人的生活中，有诸多细微之处，因为嫌弃烦琐而被删减，有许多细小之事，因为疏忽被忽略。

我家的餐厅原本是和客厅贯通的，只是在两者之间有两截大概各三十厘米的墙体，楼上楼下的邻居大都在这里安一个推拉门，用餐时合上，平时则打开。我和先生却觉得这样会让客厅和餐厅都显得狭窄，于是装修时我们索性推掉那两截墙体，并在原来的位置靠近天花板的地方安一个横杠，挂了半截门帘，大概垂到我肩头的位置。后来因为看到姐姐家的设计，这个门帘又被换成了水晶珠帘。

而餐厅里的餐桌，我们买的是那种可以折叠成一个细长小桌的三折式，非用餐时间里，会在桌上放一盆花或是几个工艺品、布偶，搭配的四把餐椅则摆在折叠桌两侧，把它们当成高一些的茶几用。这样一来，这里就没有餐厅的痕迹了，这个空间和客厅看起来就像一个整体，仿佛它只是客厅的一部分，餐厅被我们人为的"隐身"了。

围桌夜聚话桑麻

"开轩面场圃，把酒话桑麻。待到重阳日，还来就菊花。"孟浩然的这首《过故人庄》曾经让我向往不已。然而我们身处闹市，也未必不能"把酒话桑麻"。

我们家的客厅是沙发、茶几、电视墙呈一条直线的布置。冬日天寒，窗外有雪如柳絮飘落，三五好友围坐在茶几旁、沙发上，喝一壶清茶，赏一赏茶几上摆放的梅花，就着温暖的灯光，说一说赏心乐事，岂不快哉！

我姐姐家的客厅与我们家的布置又略有不同。她在沙发前的地上铺了一块椭圆形的长毛地毯，范围覆盖了茶几方圆一米的范围，因为地毯非常干净，大家完全可以席地围坐在茶几周围，亲密无间地饮茶畅谈。

客厅是全家人经常活动的地方，保持客厅的干净、整洁和简单，会对我们和家人选择哪种家庭风格起到决定性的作用。比如我们家的客厅沙发是我用来小憩的地方，时常也会坐在那里看书，而我女儿则喜欢在客厅和餐厅的空间里跑来跑去。我发现这个区域很容易变得杂乱无章，沙发上散乱地放着随手脱下来的衣服、包包，地板上女儿的玩具则东一个西一个。这些东西如果不及时整理，就会让人有种整个家里都混乱不堪的错觉，而地上乱扔的玩具则容易把小孩子绊倒。所以我们总是在离开客厅之前把它恢复原样，保证它的干净整洁。

关于地板和地毯的那些事

地板是轻易不会改动的装饰之一,它会对我们简单的生活产生很大的影响。事实上,我们对于地板材料和设计方面做出的选择将会在未来几年内影响到我们的日常生活。比如说,如果地毯是米色的,那么我们每隔一天就要用吸尘器吸一遍灰尘,而且会一直担心地毯受到污染。

我小时候家里的地板就经历过不同材质的迭代更新,而我自己家里的地板也是我们经过深思熟虑后才设定的材质和颜色。尽管安装起来耗时耗力,但我们还是选择了实木地板,颜色则选择了灰色,这个颜色比较百搭,和深色或浅色家具都能搭配得很好。

我曾经在沙发前放过那种纯毛地毯,可是皮肤碰到那种比较短的毛毛就会有一种刺刺的感觉,我和女儿的皮肤上都因此长了一些小红疙瘩,估计是过敏了,所以这块地毯最后也被送到了母亲家。

我还从母亲那里学到了一个生活小妙招,在用吸尘器清理地毯之前,喷洒一些小苏打,这样就会有清新干净的味道了。母亲们那里还是有很多这种生活小妙招的。

第一章
打造舒心家居空间

§卫生间里的魔法

在20世纪80年代,时髦的卫生间一定是那种门类齐全的,从桑拿机到浴缸,无所不有,这是当时大多数人追求的时尚和潮流。我们再把目光投向今天,看一看如今最常见的卫生间布置,不再一味寻求"大而全",卫生间的规模缩小了很多,可是里面却依然容纳了所有的必需品。

巧用收纳篮的法则

不管家里是一卫还是多卫,我们面临的同样问题是:怎样让卫生间看起来简洁清爽?怎样提高它的使用效率?我们可以把卫生间分成不同的部分,然后再确定:是不是所有部分都能布置得很合理?我和家里人是否能快速找到所需要的物品?

有时候确实是这样,我明明记得几天前把某件物品放在了小柜子里或是盥洗台上,可是过后去找,依然需要花几分钟的时间才能找到。我的盥洗台上摆满了牙膏、牙刷、香皂盒、洗脸棉,需要洗面奶时我依然要去置物架上翻找。

后来,我在墙上挂了几个收纳篮,把使用最频繁的物品放到里面。牙膏和牙刷放在一起,洗面奶和卸妆油放在一起,洗脸棉挂在收纳篮侧面的挂钩上,我发现这样一来我的盥洗台和置物架看起来都干净整洁了不少。

马桶水箱上面也可以放一个收纳篮,舍不得离手的手机、"卫生间读物"、手

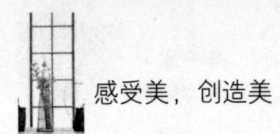

持风扇都可以临时放在那里。当然，还可以买那种比较大的收纳篮放在洗衣机上面，用来装当天脱下的脏衣服，免得要洗的时候不知道扔在了哪里。

置物架的双倍利用

我们家在盥洗台旁边有一个几乎一米高的三层置物架。最下面一层是个双开门的柜子，里面可以放备用的物品，作用类似于小仓库。中间一层是各种化妆品，最上面则是卸妆棉、棉签、小皮筋、头饰等物品。

我还开发出了置物架的额外利用价值，就是在侧边和后边的木框上挂上几个挂钩，用来挂擦盥洗台的抹布、吹风机等物，它们隐藏在侧边和后边的阴影处，一般不会被注意到，不会使置物架显得凌乱。

我姐姐家比我们家还多弄了一排挂钩，在距离地面二三十厘米的地方，上面挂着溜狗绳、收拾猫砂的小扫帚小簸箕。

如果不想在墙上放收纳篮，也可以安装小柜子。一般人家里的卫生间因为干湿分离，盥洗台和马桶之间会多出一截墙面，它的宽度完全可以放一个双开门的小柜子，一伸手就可以拿到里面的东西，使用起来也极其方便。

或许我们中有些人更在意卫生间的美观性，那可以像我的一位同事家那样，在盥洗台的旁边安装几层置物格，在上面放一些赏心悦目的小物件，比如小绿植、工艺品。当然，这种格子的承重能力不会太大，所以不要在上面放太多太沉的物品。

门后的隐藏空间

很多人都没发现，其实卫生间的门后还有一个隐藏的空间。为了防止房门撞到墙，我们中大多数人都会在地上安装地吸，这就使门后有一条并不太宽的空间，这个地方如果利用合理，也能放置不少物品。

我们家的门后是一排挂钩，上面挂着浴巾、干发帽、发卡等物件，地上则放着扫帚和簸箕。我母亲会把雨伞等物也挂在卫生间门后，可谓是把这个空间利用到了极致。我姐姐家则在卫生间门后挂了一个三层的布艺兜，把诸如小剪子、护手霜这种小物件都塞到里面。

其实一般人家的卫生间都不会太大。像我家的浴缸就占去了整个卫生间空间的三分之一，而现在生产的洗衣机也都大得过分，如果不放置物架，东西只能放得乱七八糟。而我母亲家的房子由于年代比较久，没我家的大，连浴缸都放不下，父亲是在马桶和水箱的上方打了比较宽的三层置物架，这才放下了所有零碎的小物件。

我有一个朋友更是别出心裁，她在门后放了一个很窄的三层小置物架，宽度刚好可以放下洗发水、沐浴露的瓶子，于是这里就成了她洗浴用品的储存空间。我第一次看到的时候吓了一跳，觉得她完全可以称得上充分利用空间的典范了。人类的智慧真是无穷啊。

感受美，创造美

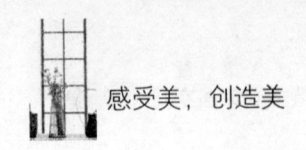

8 看玄关便知四季

每个人家里的玄关都不一样，有的比较宽敞，有的只是一个小小的过道，因此很多人都不太在意这个空间的布局，也有人干脆把它和客厅当成一个整体来设计装修。其实这样想就错了，我认识的一个人就因为只在玄关处装了一盏昏暗的小灯，导致来家里的客人差点摔伤，他也因此后悔不已。

走过四季冷暖

十三四岁的时候，父母带着我和姐姐搬进了动迁后的新楼。当时国家还不算富裕，我家更是如此。父母舍不得在装修上花钱，所以家里很多地方都是他们亲自动手。日子虽然过得十分清苦，但一家人却生活得很开心。

那时候家里的玄关就只有窄窄一截，放一个鞋柜都感觉拥挤不堪。于是父母只好把玄关和客厅做了整体设计。家里人多鞋也多，鞋柜都差不多有一人高，冰箱也不敢买太大的，沙发都是较小的款式。其他的都还好，对于没能买一个大冰箱这事，母亲耿耿于怀了许久。

我自己家的玄关是经过很用心设计的。因为我觉得那是最先迎接家人归来的地方，它应该是明亮和温暖的，会让人瞬间放松、疲惫消散，它应该是空气流通、视线通透的。

所以我们家玄关一侧是嵌入式的衣鞋柜，用于放置外出归来的外衣、包包、钥匙、雨伞和鞋。另一侧是一个半截木柜半截磨砂玻璃的墙体，玻璃可以增加空间的通透性，磨砂又可以很好地保护与玄关相邻的客厅处的隐私性。

再往前一点点，是一个占地很小的窄桌，上面会放一盆花草。家门打开的瞬间，一室柔亮，花香扑鼻，再不羁的灵魂大概都会油然而生恋家的情感。一代一代时光荏苒，我们走过冷暖四季，似乎只有这份温馨经久不变。

衣衫魅影之间

玄关是见识衣衫最多的地方。不光家里人外出归来会把衣物挂在玄关，家里来的客人也大多会把外套挂进去。春秋季的西装、风衣，冬天的大衣、羽绒服，不同颜色、不同款式的衣物在这个小小的空间里被展示，它们或华丽、或优雅、或端庄、或时尚，呈现着不同年代人的强烈文化特色和时尚风格。

我小时候家里玄关处没有挂衣服的柜子，那时候的人习惯用那种木质的挂衣架，圆柱形上面有一圈几个挂钩，可以挂衣物、帽子和包包，下面还可以插雨伞。这个衣架被放在鞋柜前面，找鞋的时候就会把它挪来挪去，实在是因地方太小了。

我们装修房子的最终目的，就是让家人生活得更舒心自在，所以玄关也好、客厅也罢，对它们的设计都是以家人核心需求为出发点的，只有这样设计出来的家，才会有温度，全家人才能吃得香、睡得甜，才会真正感到快乐。

此处应有一缕香

我一直认为应该在玄关处放花草，因为花草都有它们独特的香气，不论归

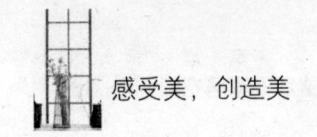

来的家人，还是来做客的亲戚朋友，在打开门的一瞬间，外面的喧嚣被无形中弱化，室外空气中或燥热或寒冷的感觉被那一道门挡在了外面，我们仿佛忽然之间进入了一个洞天福地，脸上甚至还能感受到阳光的暖意，而嗅觉也出奇的灵敏，能闻到一股清新甜美的花草香。

我母亲家里玄关处的鞋架上放了一盆芦荟，她的喜爱持久而专一，家里养得最多的始终是芦荟和仙人掌。她的芦荟长得极好，挺拔肥厚的叶片，掰开后汁水丰盈，她对自己的花一向爱惜，只对我和姐姐才舍得出来。小时候我比较淘气，脸上身上经常有一些小伤口，母亲的芦荟叶治好过我磕破的膝盖、后背长出的痘痘以及晒得通红的脸。

我姐姐也爱在家中的玄关处摆花，这的确是从母亲那里一脉相承了，不过和我家一盆白掌摆几年不同的是，她家的花会四季更换。春天的时候她爱摆太阳花，娇艳的颜色总能让人眼前一亮；夏天的时候她会摆荷花，充满古韵的陶瓷瓮会将荷花的气质衬托得格外优雅；秋天的时候她则可能摆一瓶风信子，纯正的紫色特别有治愈效果；冬天的时候她会放一瓶富贵竹，既让绿色养养眼睛，又充满祝福的寓意。

§ 在晨光里怒放的阳台

我认识的很多朋友都在养花，在小阳台、在露台、在临湖别墅的院子里，在不同的种植空间内，花草蔬菜一如既往地丰富着我们的生活，也将我们和自然联系起来。我把这些人统统划归到"种植圈"，大家彼此间会介绍各自的养花种菜经验，有时还会互相串门参观。

打造"花园王国"

每个人的性格内核里，都藏着一段"密码"，通常它和童年经历紧密相关。有些人对养花情有独钟，阳台上到处都是各种各样的花卉，色彩缤纷的花朵、浓淡相宜的香气，各式花盆被放置在木质或铁艺的花架上，参差错落，井然有序，我们置身其中，仿佛进入了一个花园王国。

普通阳台的面积不会太大，要如何充分利用每一个角落就需要我们花一些心思。我的一个朋友对植物颇有研究，他给我们介绍经验的时候说得头头是道。考虑到光照的情况，他先是简单地给阳台做了一下植物分区，并且选择了几个骨架植物，作为整个花园的视觉中心。然后就是各种"买买买"和花友之间的互换，他并不追求新品种和贵的植物，只以自己看着开心为原则。

我们家的阳台其实也不大，上面是封闭的玻璃，下面有大概十厘米的水泥干

墙。我们在几个规整的花架上摆着喜光的植物,而那些耐阴的花花草草则被摆放在地面,花架和花盆中间还要留出至少能通过一个人的过道,方便我们去浇花、除虫、开窗通风。

我觉得未必占地面积大才能被称为王国,我们的阳台花园虽小,但是一盆一架、一花一草都是我们亲手摆放侍弄,花团锦簇、暗香浮动都是我们的努力和汗水换来的成果,它就是我们的"花园王国"。

母亲的"一亩三分地"

母亲家的阳台有一大半是被蔬菜占据的。在种菜之前她家里养得最多的是芦荟和仙人掌,后来渐渐有了一些开花的植物,我父亲的规矩多,他不喜欢家里有太浓烈的花草香气。

后来母亲发现家里也可以种菜,她仿佛被打通了任督二脉,瞬间解锁了菜农的所有技能,花架上的大多数花草都被挪下来摆在角落里,各种颜色、规格的花菜盆夺走了阳台的主导权,她整日穿梭在自己的"菜园"里,快乐得像个孩童。

她种的生菜几乎能供应一家人的夏日需求,我感觉上周在她那吃了一顿饭包,就吃掉了一小盆的生菜,这周去吃烤肉的时候就又见她端出丝毫不见少的另一小盆。我感觉特别惊奇,有种小时候相信母亲会魔法的那种心情,向她求证说:"妈妈,你种的生菜一周就能长成吗?怎么总也吃不完啊?"母亲哈哈笑着说:"哪能长那么快,因为我种了不止一盆啊。"

还有秋葵,我都不知道这种菜居然也能在家里种,可是她和爸爸在海南养身体的那几年,我每次去看他们时,都能吃上好几顿她亲手种的秋葵,让原本并没有觉得这个菜好在哪里的我,也爱上了它黏糊糊的口感。

母亲身上始终保有着劳动人民最质朴的品质，她热衷于种菜，按时吃一日三餐，少一顿都不行。她奉行的是"民以食为天"，在这最平凡的五个字里，古有司马迁、班固把它写进《史记》和《汉书》，今有一个普通得不能再普通的老太太以它"每日三省其身"。

晨光里的东篱草堂

最喜欢陶渊明诗中的意境，"结庐在人境，而无车马喧。问君何能尔？心远地自偏。采菊东篱下，悠然见南山。山气日夕佳，飞鸟相与还。此中有真意，欲辨已忘言"。这世外桃源一样的生活似乎离我们十分遥远，却又感觉它就近在身边。

我的房屋正是建造在人来人往的地方，但也同样不会受到世俗的喧扰。问我为什么能这样，我回答说"只要心中所想远离世俗，自然就会觉得所处地方僻静"。在阳台的"东篱"下采摘菊花，悠然间，那千里之外的南山浮现在脑海中。听说傍晚时分南山景致甚佳，雾气在峰间缭绕，飞鸟们结伴而返。这里面蕴含着怎样的人生意义啊，我们想要分辨清楚时，却已经不知道怎样表达心境。

某个春日清晨，或者每一个清晨，我们在温暖的晨光里醒来，推开卧室与阳台的玻璃门，踏进属于我们的"东篱草堂"，看着那满眼的缤纷与绿意，呼吸着花草的芬芳，如果说还有什么遗憾，恐怕就只有"恨光阴太短"吧。

感受美，创造美

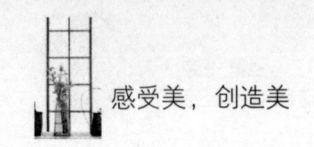

§卧室花色生香

在整个家里，卧室是最私密的场所，是我们轻易不会让客人踏足的地方。它是睡觉、休息的场所，会让人有一种如释重负的轻松感。在装修时，我们可以放心地在卧室里尝试那些我们担心在公共区域会失败的创意，只要自己喜欢，一切就可以按照自己的想法来安排。

一盆花的浪漫

我们家的卧室里总会放一盆花，它有时被放置在梳妆台上，有时则摆在床头柜上。这盆花并不固定，但它们都有一个共同的特点，就是花香一定是极淡的。大多数时候它会是一盆兰花，偶尔也会是一盆柠檬。

在卧室里摆一盆花是我先生的特殊要求。他很少在家居设计或摆设上有什么固执的意见，只在这一件事上不接受反驳。我们谈恋爱时他每天都会送我一束花，有时即使我们并不见面，花也会如期送到家里或是单位。结婚后这个习惯依然保持，直到我们开始有了养花的爱好，我觉得再买那种花束没有必要，因此让他不要再送。先生难得地犹豫良久，最后提出卧室里永远放一盆花作为替换，算是他在这件事上的妥协。

我骨子里其实没有浪漫的基因。我母亲性格爽快大气，父亲则是个闷不作声的性子，他们的年代里没有鲜花的浪漫，甚至没有礼物的浪漫，或者我父亲觉得他把每月的工资都上交、不声不响地关心母亲的身体就已经是他能给的最大浪漫了。而我的母亲，她会在都市婆媳剧或是宫斗剧里找出属于浪漫的细节，但是她丝毫不觉得自己也应该拥有。

我有时会很羡慕父母那个年代的浪漫。风太大时，母亲会想也不想地把自己的围巾围到父亲的脖子上；走在街上，父亲会理所当然地让母亲走在靠里的一侧。这些浪漫不同于我们的，但它同样让我向往。

女人们的梳妆台

我一直觉得所有女人都应该有一个属于自己的梳妆台。

我的姥姥和奶奶都有梳妆台，而且是那种古色古香的实木材质的，我小时候见过奶奶的那个，深红色，特别漂亮。

我的母亲反而没有梳妆台，姥姥的那个好像传给了小姨，母亲得到的是姥姥的一对衣箱。母亲也不太注意自己脸部的保养，我看过她和小姨十八九岁的一张老照片，娇嫩得像能掐出水的花骨朵，可是她并不在意自己的脸，我从记事起就只在每年冬天看到过她往脸上抹儿童嫩肤霜。小姨对此很是不能理解，她几乎每次来家里做客时都会给母亲带一些护肤品，日霜、晚霜、眼霜，母亲有时会转手递给姐姐——我那时还太小，她觉得我连儿童霜都不必抹。母亲正式开始使用护肤品还是我和姐姐都参加工作后，我们的第一份工资好像都不约而同地给她买了护肤品，而这时的母亲身上已经没有那些沉重的养孩子的负担，便开始用女儿的"孝敬"来保养自己那已不再年轻的脸。

我自己有一个梳妆台，是为了搭配拔步床定制的，也是仿古的样式，我很喜

欢。台面上有不同种类的香水，抽屉里分门别类地放着护肤品，我对自己这张脸十分在意，对我的梳妆台也打理得格外用心。

床头的水墨画

当清晨第一缕阳光温柔地拂过我的脸庞时，手机的闹钟也会同时响起。然而关闭闹钟的往往不是我，因为先生总能先我一步起身。我的睡眠质量一向好，可以一夜无梦地睡到天光大亮，为了避免迟到，我从参加工作的第一天起就养成了定闹钟的习惯。

然而先生并不需要闹钟。无论需要他在几点起床，他都能在差不多的时间瞬间清醒，睁开眼睛。这项技能我母亲和姐姐也有，闹钟仿佛是她们生命里并不需要的物件，特别神奇。

曾经有段时间我很喜欢水墨画，所以我在床头也挂了一幅水墨画，画的是太行山，不是什么名家画作，很普通，但也很有意境。严格说起来，这幅画也不能算是挂在我的床头，因为拔步床四面的架子很高，距离天花板已经很近了，不适合在墙面上挂装饰，但是床边的墙面空着不好看，于是这幅画其实是挂在侧边的。

我喜欢卧室里充满古韵的模样，而它也的确满足了我对古人生活的想象，豪华又大气的拔步床，婉约柔媚的梳妆台，墙上飘逸灵动的水墨丹青，"一天秋色冷晴湾，无数峰峦远近间。闲上山来看野水，忽于水底见青山"。

§ 闻弦音而知雅意的书房

1995年,联合国教科文组织宣布将每年的4月23日作为世界读书日。这个世界上已经有越来越多的人意识到了阅读的重要性,也有越来越多的家里有了书房的一席之地。

书中的伯牙子期

古人说:"博览群书添雅趣,缕缕书香胜饭香。""养心莫若寡欲,至乐无如读书。"喜欢阅读的人知者不惑,以书为乐,通今博古,于方寸之间,或迎一缕霞光,或伴一盏明灯,品一杯清茗,闲看秋月,漫卷诗书,洞察人生,探究真理,天地风云尽在眼前,世事变迁了然于心。喜欢阅读的人仁者不忧,以书修身,潜心学问,在文字中坚守理想,在墨香中游心骋怀。喜欢阅读的人勇者不惧,以书明志,身在书中,但心系天下,具有强烈的先锋意识和鲜明的家国情怀。

这世上好的书籍何止千千万万,当我们于书山书海中挑中某一本,把它带回家中,仔细阅读,用心体会,认真思考,这本书的价值就已经得到了最大的体现。我们与书,就如伯牙之遇子期,知音相逢,再无遗憾。

我觉得"书房"不一定非要是一间房,它可以是客厅里的一面书柜,甚至可

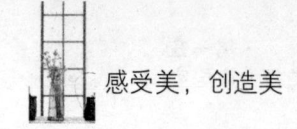

以是角落里高高摞起的若干本书。就像人们会说"心在哪里家就在哪里",我认为"书在哪里书房就在哪里"。一个书房就是一个世界,我们的书房可能不是那么宽敞奢华,但一定是透射着光、散发着热、闪烁着智、洋溢着乐、饱含着情的精神世界,是我们的心安之处。

我与书相看不厌

我在很多事情上不是一个"长情"的人。爱吃的美食隔段时间就会变,喜欢的歌手演员总是在换,我的心情喜好会随着四季冷暖、年岁增长而进行着迭代更新,唯有读书这件事,让我一直坚持许多年,从未更改。

我爱书,爱阅读,从小如此。小时候家里没有那么多房间,我和姐姐住在一起,也没有书柜来专门放书。于是父亲把两个卧室之间的墙打掉,替换成上面是磨砂玻璃下面是书柜的墙,我和姐姐很快就把这个书柜"瓜分"了,像豚鼠一样往里面搬各种我们喜欢的书:上课的教材,搜罗到的参考书,世界名著,侦探小说……

在不同的年龄段,我喜欢阅读的书籍也是不一样的,但是特别神奇的是,哪怕一个类型的书我有几年都不会再看,但是日后再翻出来,仍能再读一遍,只要是我喜欢过的,被放在书房或书柜中的书,都是如此。

我想,我对书大概永远不会有倦怠期吧。

奔走聚书倦阅读

搜罗各种书籍的习惯我在很小的时候就有,最开始的时候还不能尽兴,因为没有那么多的零花钱。后来发现居然有"旧书摊"的存在,价格比新书低了一半不止，而且还能淘到很多不再版的好书。于是，有那么几年的时间里，我流连于城市各个角落的旧书摊，买了很多本至今还摆在书房里的二手书。这些书有中国和世界名著，更多的则是一些名家的悬疑推理类小说，那时我疯狂迷恋阿加莎·克里斯蒂和西德尼·谢尔顿，曾经一度想集齐他们所有的作品，可惜最终未能如愿，这是因为旧书摊里的书如果不是成套在卖，那就很难收集齐全。

工作后开始有机会去很多地方，只要行程允许我都会逛一逛当地的书店，在书架前消磨几个小时的时间，然后意犹未尽地至少带一本书回去，以此书纪念我曾经来过。慢慢地，这些各地汇聚而来的书籍也占据了书柜的很多空间，每当无意间翻开其中某本，那些记忆、岁月便如画卷般在脑海里徐徐展开。

我有时候也会发愁，对先生说家里的书太多了，有生之年根本读不完啊。先生就会笑笑说："怕什么，等我们老了，不需要出去工作时，自然有大把的光阴可以用来阅读。就算我们没读完，不是还有女儿吗？"

我一想有道理，于是终于释然了。这些书籍、这些文明，穿越过几千年的时光途经我们这里，短暂地停下脚步，但是它们必不会就此不再前行，而是依然会滚滚而去，继续踏入宇宙的长河，恒古流传。

第二章
给生活加点花花草草

很多人都对花草有着不同寻常的情愫，喜欢看那些平常的山花野卉，它们在山间、沟壑、河滩、田野、土冈或是沙地里寂寞地生长，花开花落，一年又一年。而家是我们每个人的心灵栖息地，在这里，几盆色彩鲜明的花花草草，也能给家里增添一些生活气息。有这些花花草草相伴，宅家生活也会充满治愈力。

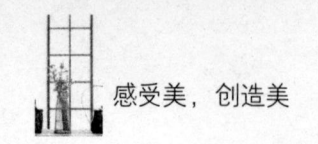

§ 卧室阳台上如温室一般的花田

林清玄先生写过一句话:"三流的化妆是脸上的化妆,二流的化妆是精神的化妆,一流的化妆是生命的化妆。"我一直觉得一个人的美丽和优雅,不只是她的脸,也不只是她整个人,还包括她所处的环境,她为自己打造的温馨殿堂。

月照花未眠

前几天买了一件棉麻的连衣裙,一字领,驼色底子,米色暗纹,样子很像小时候母亲做的某一件衣服,配上白色球鞋,去了附近的兴隆公园。我和先生各自拿着手机,一路拍花、拍草、拍穿梭在花草间的女儿。关于花草的记忆一下子就铺展得无边无际,一时间温柔地浸满心房。

小时候家里是没有花草的。那时候和爷爷奶奶还有一个叔叔住在一个大院子里,母亲上要待候老、下要照顾小,根本没有时间和精力去侍弄花草。当我意识到她原来很喜欢养花,已经是住在并不宽敞的高楼里,母亲离退休没几年的时候。

母亲最开始只养两种花,仙人掌和芦荟,因为这两种花最好养活,这个养花经验她后来又传授给了我。不愧是生命力顽强的植物,家里的花盆很快从两盆增加到四盆、八盆,没几个月家里的阳台就被摆满了,紧跟着客厅也沦陷了,主

第二章
给生活加点花花草草

卧、厨房甚至卫生间都逐渐被绿色占据，我和姐姐的卧室是唯一的净土。

芦荟不仅好养活，还有药用，每当我不小心被仙人掌的刺扎到，掰一块芦荟叶子抹一抹隔天就会好。这时母亲就会以一种尽在掌握的语气说："我早就料到你毛手毛脚的，会被扎，所以我才养芦荟的。"

夏天夜里闷，我们的卧室一般都开着门，透过窗外的一点月色，能看到客厅里暗绿的仙人掌，尖刺围在肥厚的叶片外，在墙上投出模糊的影子。我那时还不知道植物光合作用这回事，只是看一眼隐在阴影里的仙人掌，感觉睡意更浓了，于是在这两种并不开花的植物清香中沉沉睡去，一夜无梦。

我觉得花草是大自然的恩赐，养花不仅能修身养性，而且花草还有着十分重要的健康功效。养花养草可以陶情养性，增添生活乐趣。花朵丰富的色彩，从视觉上给人以纯洁、愉悦的感受；错落变化的花枝，给人一种视觉空间的活泼美感；幽幽花香，更能怡心宁神，调节身体功能，益于身心健康。

摆满多肉的寻常人家

我爱花，所以也爱养花。我还没有成为养花的专家，因为没有时间去研究和试验。我只把养花当作生活中的一种乐趣，甚至它们开不开花都不计较，只要家里有花，我就高兴。在我小小的家里，一年四季都花草繁茂，如果养小猫小狗恐怕都没有活动的空间，所以我也不养猫狗。

家里花虽多，但是没有什么奇花异草。太珍贵的花草不易养活，看着一棵花生病要死是件难过的事情。我所在的城市气候对养花不算友好，冬天冷，春天多风，夏天不是干旱就是大雨倾盆，秋天最好，可是往往几天就过去了。在这种气候里，想把那些好花养活，我自认还没有那么大的本事。因此，我只养些好种易

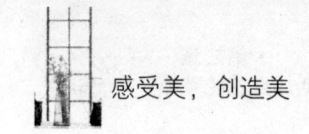

活、自己会"奋斗"的花草。

前几年特别流行养多肉，一小盆一小盆的看起来玲珑又可爱，可是听说它们不好养，水浇多浇少都不行，于是我望而却步。可我姐姐一向是敢于尝试所有新事物的勇者，她在阳台辟出一块地方，买了一个三层的花架，一口气买回十几盆多肉，开始用心侍弄这些石头花。

我发现多肉是一种很神奇的植物，它们仿佛拥有治愈的力量。它们安静乖巧地待在一旁沐浴着阳光，我每次去姐姐家都会跑到阳台对着它们发会儿呆，露出不自觉的微笑。

这一阳台的多肉俨然已经让姐姐成了多肉专家，我从她那里听来很多养花心得。比如说大部分的多肉生长在干旱或一年中有一段时间干旱的地区，这就使得它们一年中有很长的时间几乎吸收不到水分，仅能靠体内贮藏的水分维持生命。直白地说，哪怕多肉们离开土、离开水半个月，只要不暴晒，都是很安全的；很少有多肉是因为缺水而死亡的，虽然它们是要喝水的，但它们拥有顽强的生命力，对水的依赖并没有那么强。

雨天晴天都很好

今年夏季的雨水比往年多。下雨天，如果恰好是节假日最好，雨丝在屋子外面扯天扯地，织雨帘，织迷离，织梦幻。远处高楼茂树裹在雨中，街道小草浸在雨中，被洗了个干干净净。

雨天容易让人犯懒，窝在沙发里看电视剧，却脸盲得分不清男女主是谁，在别人的爱恨情愁里浪费感情，不知不觉入了戏，跟着欢喜叹气。或是裹一条毛毯，慢条斯理地翻看一本书，洗好的葡萄在书桌上的果盘里，读几页书，吃一粒葡萄。左面胳膊酸了，翻个身，右面脖子硬了，再翻个身。书从手里掉落，人也迷迷糊糊睡去。

可能会被桌上兰花的香气唤醒，可能是被女儿蹬蹬的脚步声吵醒，她被先生从姥姥家或者姨妈家接回来，怀里总会抱着满满的小礼物，姥姥会给她带自己新发明的菜式或点心，姨妈会给她衣服、饰品，总归不会空手回来。

如果天气晴好，就可以勤快一点。整理整理衣橱，把冬天的被子拿出去晒一晒，再洗洗一家人这一周的穿搭衣服，颜色深的和颜色浅的要分开洗，女儿的衣服则挑出来手洗。如果不小心翻出秋天的衣服，就顺便想想哪些拿出来换季时穿，这一年不知道长了几斤肉，看看去年的衣服还能不能穿得下，试了一件又一件，不知不觉试出一头的汗。有时从衣服兜里还能翻出几张钞票，心情一下子就变得美妙了。

衣橱旁边悬着的是吊兰，我在家里一般不会养味道太浓烈的花，阳光正好的时候，花的香气弥漫在整个房间里，清新又淡雅。雨天的时候，混和着一点湿气，又结合成另外的味道，让人有种多养了一种花的意外惊喜。

与花草相伴的日子，晴天、雨天都很好。

§ 种植"水树"的快乐

在我们家里,我从来不是那个能发现新鲜事物的人。比如某种吃食,都是我从母亲那里吃到第一口,觉得好吃了,它就会出现在我自己家的餐桌上。比如某个牌子的衣服,都是我看到姐姐穿着好看,就也去看看有没有适合自己的款式。在看到她们家里新植物品种之前,我也不认识"水树"这种植物。

水里开出富贵来

姐姐其实更喜欢开花的植物,但是早几年她和姐夫都是空中飞人,出差的时候比在家的时候多,她觉得像她这么粗糙的人,溜溜狗喂喂猫还可以,看护比较娇气的花大概是无法胜任的。于是她的家里很少养植物,直到有人推荐她养富贵竹。

这种竹子也叫万寿竹、开运竹、富贵塔,听说原产地是非洲西部的喀麦隆,最高可以长到四米。姐姐拿了一尺多高的透明玻璃瓶装了摆在客厅和书房里,看起来疏挺高洁、悠然洒脱。我喜欢它的挺拔,回去也养了一瓶。

母亲家里的植物已经快要摆不下,但是她喜欢它的名字,也喜欢它的寓意,于是也腾出地方养了几棵。我听到她在给竹子换水时,小声嘀咕说:"百病去,富贵来。"我想喜欢养它的人一定很多。因为它仿佛凝聚了世间诸多美好的期盼，绿意盎然地挺立着，充满生机。又有那样祝福满满的名字，代表着长寿、好运和富贵荣华。

富贵竹极其好养护。姐姐他们都出差的日子，我需要每天早晚两次去溜狮子狗和斑点狗，三天或者一周去给三花猫换水、换粮、换猫砂，但是我两周给竹子换一次水就可以了，最为省心。

我女儿对世间万物都抱有热情，因此她也极喜欢富贵竹。什么时候该换水她记得比我清楚，到了差不多的日子，她就会提着浇花的壶来找我，与我一同完成给富贵竹换水的工作——因为花瓶是玻璃的，不让她碰，所以前面倒掉旧水、洗花瓶、洗花的工序由我完成，女儿只负责给花瓶注入新水。我听到她一边倒水一边小声嘀咕："百病去，富贵来。大富大贵，竹报平安。"看来她姥姥的口头语这两年又增加了新内容。

我发现种在水里的花草更好养活，因为除了定期换水、不要晒太多阳光几乎没有更多需要注意的地方。不像土培的花草，要注意浇水量，浇勤了浇少了都不行，要看土质，有时候还要额外加营养土。水里的花草好像只要别让花瓶里的水干掉，它就能长出青葱茂盛的样子。

养花与养女儿

我母亲热衷于养花，哪怕只是去海南过一个冬天，她也要在楼顶天台上摆一排花盆，等到来年春天要走时又把这些花郑重地托付给楼下阿姨。至于家里那些

堪称花园的花山草海，她则干脆给楼下阿姨留一把家里的钥匙，请人家定期帮她浇花。所以母亲不论住在哪里，都和楼下阿姨关系良好。

母亲说养花就跟养女儿一样。刚开始要特别耐心细致，浇水恨不得都数着几滴，严格控制一天晒多少太阳躲多少阴凉。但是养女儿比养花精心。母亲说，她最初养花就是为了两个女儿，希望用花草的绿色舒缓女儿受累的眼睛，用它们释放的氧气给女儿提供一个清新舒适的生活环境。

养女儿的精心还表现在我们每天早上六点起床，母亲六点前起，给我们带水、开门，还要叮咛、微笑目送，与我们同甘共苦，牵念我们学习辛苦，午餐必精心制作，今天是地三鲜，明天换炒豆腐、炒芹菜粉，后天则包饺子、烙糖饼，隔一段时间还会做顿丰盛的大餐为我们增加营养。

养花也用心。但那用心只不过用手试花盆里土的干湿，花土干透了就一壶清水浇透。清汤寡水地养，有的花就会闹情绪，叶子一天赛一天黄，该开花了好长时间一个花苞都生不出来，显然是营养不良。于是把这批花换掉，依然找那些生命力顽强的。养女儿不适合同时养太过娇气的花，这样女儿与花才能各得其所，各自一派生机盎然。

我也在养女儿的同时养花，但我比不得母亲，如果完全把女儿放在我手里，恐怕得养成一个野孩子；如果只靠我养花，花大概也会被我养得蔫头耷脑。好在还有我先生，他的耐心和细心都远胜于我，所以人们常说要找一个能和自己互补的伴侣，这话还是有道理的。

第二章
给生活加点花花草草

我们的"水树林"

养花草其乐无穷。心里烦了,拾掇拾掇花儿,剪掉枯叶和多余的枝条,把花盆一个挨着一个擦过去,再给花叶下一场人工雨,花草旧貌换新颜。我则出了汗活络了筋骨,腾空了心思缓解了疲劳,好心情眨眼就到。

富贵竹在我们大家庭风靡之后最开心的要数我女儿,因为她无论去谁家都能看到这些"绿油油的小可爱"——我有时候惊奇于她的语言,她总能自己制造出很多听都没听过的形容词。尤其当这些竹子长得比她还要高时,她就开始叫它们"大水树"。她观察得很仔细,会告诉我姥姥家的大水树又粗了,姨妈家的大水树比我们家的高一节手指那么多。

有一天晚上,我和先生各自看着书,女儿也在看她的绘本,她一边看一边小声念着:"上个星期,天使镇发生了一件令人开心的大事!今天一早……"她看的是我和先生新给她买的《世界上最棒的礼物》。

我都没有意识到女儿的声音什么时候停了,还是先生轻轻咳嗽一下提醒了我,就见女儿一脸严肃地站在我面前,说:"妈妈,你知道世界上最棒的礼物是什么吗?"

我配合地问:"是什么呀?"

女儿说:"是把姥姥家、姨妈家和我们家的大水树都放在一起,变成一片水树林,如果我的生日礼物是这个,那我可太喜欢啦!"

女儿的生日就在下周,我和先生的原定计划是带她去儿童乐园,然后去她姥姥家,三家人一起吃饭。见她这样说,我和先生就商量这件事的可行性,感觉也

感受美，创造美

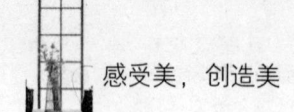

不难实现。于是在家族群里分别"@"了母亲和姐姐，问能不能满足一下小朋友的愿望。我姐姐一向爱折腾，我母亲认为反正不用自己动手，于是全都赞成。

生日那天，当女儿推开姥姥家的门，看到摆在客厅里足足十瓶高矮不同的"大水树"时，她兴奋得两眼放光，冲过去摸摸这棵，抱抱那瓶，扭回头对我说："妈妈，快看！这是我们的水树林！"

§苔藓和石头，越朴实越好

大自然中一草一石都透出天然的美感。清风徐来，树叶折射着微光是美；蝴蝶飞舞，花瓣上露珠滴落是美。我们沉迷于这些"美色"中不可自拔，希望能时刻欣赏到自然中的美景。于是我们把这一山一水一树一石都照搬回家中，做成缩微的景观随时观赏。

欣赏"袖珍"艺术

最初看到的是一个同事买来送人的蛋壳苔藓微景观，不过他买的型号比较大，像个小号的盆，他每天下班后都会在公司里鼓捣两个小时，打算亲手做完成品再送出去。东西就放在他的工位上，我每次从那里经过，都能看出里面细微的变化。大概一个星期后作品完成，只见透明的玻璃罩里，苔藓覆盖间露出两块山石，石上坐着垂钓的小人儿，山顶还露出屋檐的一角。

我挺喜欢这种缩微的景观，但我觉得自己做不了这么细致的活儿，我和它们最好的相处方式大概就是远远欣赏。直到我无意之中刷到一个非遗传承人发的视频。那个传承人的传承项目是东阳木雕，他把一截树根掏空，不仅搭了山石、铺了苔藓，还顺着树根的脉络雕了直通峰顶的台阶，已经快爬到峰顶的老人回头去拉后面走得吃力的年轻人，寓意着东阳木雕项目一代一代的传承。

感受美，创造美

我忽然对这种山石盆景兴趣大涨，觉得它们真是充满了艺术性，既适合家居摆放，又唤醒人们对自然的渴望。不久我就在姐姐家里看到了她亲手做的盆景，用那种青花瓷做底，里面摆着大块山石，山下有水，水上还行着船。

这次就连我父亲都给予了极高的评价，他说这个盆景造型玲珑别致，又注意整体的布局，聚散有致，主题突出，极富艺术构思和审美情趣，很有生命力。

我父亲一向是家里的"另类"，他和我们其他人的喜好"格格不入"，他不喜欢猫狗这些小动物，也不喜欢花花草草，他对这些一概采取"四不原则"：不欣赏、不破坏、不帮助、不评论。所以能在这方面得到他一句评价，我们大家都觉得惊奇。由此也可以看出，缩微景观这种植物艺术，还是比较符合普通人审美的。

苔藓和石头的组合

我从来不知道苔藓和石头可以组合出这么美好的模样。在看到这些缩微盆景之前，我脑海里对苔藓的记忆，还是小时候过河时因为踩了一脚苔藓而滑倒弄了一身水。可是如今它们可以被铺在玻璃蛋壳里，或是青花瓷盘里，甚至是树根里，间或穿插几块山石，点缀上亭楼、舟桥、人物、动物、树木，经过艺术加工，被创造出源于自然而高于自然的艺术品，使山河之美景展现在人们面前，藏身于市井生活中。

我女儿特别喜欢这个新事物，她缠着我提要求，希望能和我一起做一个缩微盆景。我考虑再三，决定让她去找她姨妈。这时我先生站了出来，说他先试试，父女俩跑到一边，两个脑袋凑在一起，研究要买哪一种。

先生每天晚上抽出一个小时和女儿进行手工制作，态度认真且端正。周末女

·第二章·
给生活加点花花草草

儿也没再要求去姥姥或是姨妈家，一门心思完成她的大工程，他们甚至还把半成品盖上纱罩，声称要给我一个惊喜。

两周左右之后，女儿让我闭着眼睛和她去书房，一片漆黑中忽然亮起一束追光，一个看起来仿佛"绿野仙踪"主题的大蛋壳摆在书桌正中，我甚至能看到有细碎的雪花在山石间飘落，特别梦幻，特别好看。

看过了这个童话一样的惊喜后，临睡前再看到卧室床头柜上那个一家三口抱着猫狗看星星的小蛋壳，我的感动也不会减少一分一毫。这恐怕才是父女俩一直盖着手工品的原因——他们一直试图让我以为只有一个缩微景观。

我的先生不擅言辞，在生活中他说的永远比做的要少。我们都是这样的类型，我们信奉用意会传情，把心意做出来让人去感受。这一点我的女儿完全没有遗传我们，她善于表达也爱表达，她会指着卧室里那个山石景观说："看！多么幸福相爱的一家人呀！"

朴实中藏美的景色

中国山川秀丽，景色美不胜收，我们终其一生也未必能踏遍祖国山河，幸好有山水盆景、缩微景观的发明，足以弥补很多人的遗憾。那些曲径通幽，那些鬼斧神工，那些水天一色，那些重峦叠嶂，我们只是在青花瓷的盆景里看到，只是在蛋壳景观里一瞥，就已经被这山光水色迷了眼、动了心。

我的同事做过有关盆景的非遗项目，好像是川派盆景，历史非常悠久。相传五代时，后蜀开国皇帝孟知祥帐下的一梅姓官员隐居成都，遍植梅树，并依画意蟠扎造型，做成多姿多态的梅桩，其儿子及亲友也相继植梅；宋时，则有陆游、梅尧臣、苏东坡等文人在蜀制作过盆景，并见诸诗文，品论技法。

感受美，创造美

　　盆景或缩微景观颜色朴实，取自天然，大多以苔藓的绿和山石的灰为主，但就是这简简单单的颜色勾勒出了崇山峻岭、大好山河。比如川派盆景就分为川东和川西两派，川东古桩盆景朴实严谨，多以景物风貌为特色，山水盆景气势雄浑，重点体现巴山蜀水的"高、悬、陡、深"等特色。川西山水盆景多将树桩与本地水石相结合，并运用多种手法巧妙堆砌，几乎不用任何人物与亭桥点缀，仅配以竹、树与水，在咫尺之间浓缩万里之景，将盆景艺术推向"移天缩地，盆立大千"之境界。

　　我先生的一位客户来自巴蜀，合作结束后他千里迢迢托人带了一个川西盆景送给我们，盆景不大，山石林立间绿意遍布，却让人感到生机盎然、波澜壮阔。

· 第二章 ·
给生活加点花花草草

§ 渊源流长的东方式插花

西方插花更注重几何造型，而东方插花追求的是线条与造型的互相映衬所带来的灵魂美感。东方式插花艺术起源于中国，其历史悠久，源远流长。插花是一项艺术活动，饱含着深刻的思想内涵。插花不是一门简单的手艺，而是一种文化，是人们世界观的艺术表达形式。

知史，以物为春

中国的传统插花艺术受哲学影响，在不同的朝代，形成了不同的哲学流派。这些哲学流派都有不同的哲学内涵，插花艺术也呈现出不同的插花理念，形成不同艺术风格的插花。

早在春秋时期，《诗经》作为我国最早的一部诗歌总集，就已经有过记载："维士与女，伊其相谑，赠之以勺药。"这首诗描绘了一幅一对男女临别时以相赠芍药花枝来表达心中爱慕之情的画面，而其中的花枝指的就是今天我们所说的切花。

生活中蕴藏的艺术之美不需要程式化地去学习才能获得，也不需要在理念知识的碎片中反复咀嚼。或许那些"概要"能启发人去思考体会、渐悟其中道理。但这样既容易被固有的模式束缚，又少了个人灵性化的思考。我始终相信每个人的审美和艺术感觉都不相同，这些都体现在日常生活的点点滴滴之中，当然也包

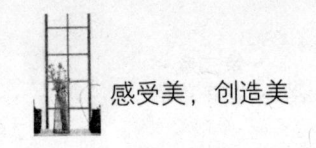

括在插花制作里。

侍弄花草无论先学还是后学，当以气胜。得之者精神灿烂，生趣盎然；意懒则浅薄无神。万物皆具形神，因气而和顺，所谓"气胜"，指的是花作的状态，意存指先得山川之眷，抒一己之性灵，而不是从一件插花作品中只看到"术"的层面，那样就过于肤浅了。

插花是我所有侍弄花草中最费心神的一项爱好，本来家里已经养了很多花花草草，我并未对插花产生兴趣，哪怕先生不时会捧回一束造型别致的鲜花，我也只是把它们放在花瓶里养两天，其最后归宿可想而知。

后来，一次拉片子时无意看到女主人公在厨房窗前插花的镜头，足足七八分钟的时间里，我看着五官平淡的女子慢条斯理地从一堆花中挑选自己想要的花，进行简单修剪，找出花瓶清洗，用细铁丝和胶带在瓶口贴成网格状，倒入清水，插入主花，四周插入陪衬的配花配草，调整高度和顺序，进行最后的修剪。一瓶看起来优雅中仿佛含着春日淡淡忧伤的插花就在我的注视下完成了，女子清淡的脸庞就像是被打上了一股柔光。我从未这样心无旁骛地看别人完成一次插花，我从未在一瓶花里看出插花人的心境。

聆听，初荷夏音

我每次看到插花，就会油然生出感恩之心。感恩所有美好的遇见，感恩大自然赐予的一切，心存感恩就会心存善念，善良是心间的一朵小花。所有先贤的智慧都来自对天地的敬畏，以至我们看到的所有艺术种类，都是效法天地、明心见性的，所以人对自然万物要有敬畏之心，对草木精灵也要有敬畏之心。

花来自自然，插花是人与自然联结的过程，我们在其中看到世间万物的美妙，看到生命的每一次努力和绽放，这就是花的力量，一种静默的力量。四时有序，是中式传统插花遵从的自然规律，也是艺术的根源。世间没有无根之木，无源之水。自然是一切美的源泉，美本身源于自然，植物本身就是美的形态，插花作品所呈现的四时变化都是植物在自然中的生命过程。

古人插花会以取"天泉水"为最佳，即雨水、露水、雪水等，花最怕水里的氯，古人会将火炭和烧红的瓦片放到水里来保养水质。"画花难画其馨，插花难插其灵。"想触及到花的灵就要了解其在自然中的样子。只有看到植物在自然界里生长的样子才能插好花。我们能看到多少种植物的丰盛形态，能看到多少种生命的饱满姿态，大概才能体悟到什么叫山花烂漫，什么叫如花在野。

孔子在《论语》中已经道出了学习的核心理念——"学而时习之，不亦说乎"，这也是我在插花上的体会，那就是反复大量地练习，学习事物要专心一处，不能投机取巧，就像鸟儿学习飞翔一样，勤于练习，以勤补拙。

插花没有捷径，要通过大量练习才能掌握一定的构图技法和能力，于是那段时间，我母亲家、我姐姐家、我婆婆家……都见证了我插花技法从"乱七八糟"到"勉强入眼"再到"有点感觉"的过程——上面的形容词都出自我先生之口。直到某个夏日午后，我把一瓶取名"初荷夏音"的插花放在书房桌上时，先生点头说："慧心巧思，学有所成。"

聊寄，九秋风露

想要学习插花，就要对植物本身属性有所了解和感知。宋代的文人雅士很大程度上影响了如今中国人对花的审美。宋代是中国美学的分水岭，文人有了书房，等于有了"独立创作空间"，会插一朵小花放在身边，达求静思。书房插花，

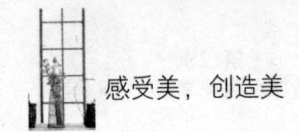

对植物、器物、颜色都有一定的要求，这是文人对内在气质的要求，也是宋人对器物和插花的审美方式。

文人不仅插花，还把这些人文精神投射到诗词歌赋中。"惜花人醉，头上插花归。""插花乌帽倾，醉倒傍人扶。""醉里插花花莫笑，可怜春似人将老。""落日经过桃叶，不管插花归去，小袖挽人留。"当然，这里的插花，更多是头上簪花、衣襟插花的那种，并非插在器物里，但总归思想和意境是没有区别的。

20世纪80年代的时候，插花这门古老的艺术得以迅速复苏和发展，成立了众多插花组织，由此初步形成了遍布全国的插花花艺系统网络，全国各地举办插花比赛或者各种插花展览会。为了普及插花艺术，提高插花水平，各种各样的插花培训班应运而生。我并没有去过专门的培训班，但我一个同事去参加过，我看到她每天下班准备赶往培训学校的模样像极了我备战高考时的慎重。

中秋将至，我托人给远方的朋友送去了亲手制作的"九秋风露"，"京城无所有，聊赠一枝秋"。

§ 享受制作乐趣的"花配"手法

忘了是从几年前开始,我告诫自己要少玩点电子游戏,少刷点手机,多读点书,尤其要多读点历史书。好像当时是看了几集百家讲坛,易中天的《品三国》、王立群的《汉武帝》、蒙曼的《长恨歌》,老师们或诙谐幽默,人物刻画鲜活生动;或著学严谨,考据较深;或言语干练,讲起来行云流水,听得人欲罢不能。

洛阳簪花少年郎

历史不仅仅是指过去发生的事情,不仅仅是博物馆收藏的文物、故纸堆记载的陈年往事,更是我们的祖先在漫长岁月中上下求索的写照,是凝聚着无数先人经验智慧的结晶,亦是令人自省的镜鉴。

我有段时间特别喜欢研究宋代,我发现在宋代的生活风尚中,簪花可以说是最突出、最直观、最具特色的一个社会现象。无论男女老幼、士农工商皆以簪花为时尚。宋代是中国历史上唯一一个男子普遍簪花的时代。无论是日常生活还是节日庆典,簪花都作为风俗习惯得以发扬。宫廷的郊祀、宴饮等活动也要簪花,并且将其上升为一种制度,簪花已经具有了"礼"的意义。

"黄菊枝头生晓寒,人生莫放酒杯干。风前横笛斜吹雨,醉里簪花倒著冠。身健在,且加餐,舞裙歌板尽清欢。黄花白发相牵挽,付与时人冷眼看。"这是北宋黄庭坚的词作，再现了簪花这一生活场景。宋代民众不分长幼，都喜爱簪花。按常规设想，簪花应是风流少年的时髦举动，但是在宋代，年长者一样可以簪花。"黄花白发相牵挽"，表明词人在创作时已非少年。

现代人很少在生活中簪花，至少我是不敢当街簪花的。偶尔家里的花落时还很娇艳，兴致一起我会把它别在耳畔，做家务或是读书的间隙总想临窗照影、顾影自怜。但我女儿敢簪花出门，如果哪天我给她梳两个包包头，上面簪上两朵粉嫩的小小樱花，她必然一路昂头挺胸，与每个认识或不认识的人打招呼，然后问人家："好不好看？"

没有人会让这样一个活泼阳光的小姑娘失望，就像没有人会违心地说那两朵花不美丽一样。这两朵小小的樱花仿佛穿越了千年的时光，从纵马奔驰的北宋洛阳少年的发鬓，瞬移到了新中国北方一个小姑娘的头上，时代不同，簪花人不同，但其热爱生活的态度和向往美好的心境，并没有什么不同。

花与婚礼交响曲

在中国，讲究一个热闹，举办婚礼时要"高朋满座"，更要"花团锦簇"。但是婚礼上用的花也有讲究，无论通道两侧的花墙，还是桌花、胸花，新娘的手捧花，都经过了新人的精心挑选和婚礼策划人的用心设计，像玫瑰、百合、康乃馨、郁金香、绣球、蝴蝶兰都是婚礼的常用花材。我记得自己婚礼上的手捧花是用茉莉和白玫瑰制作的，最后抛出时被小姨家的妹妹接到，她第二年也做了新娘。

婚礼中含花元素的地方有很多，签到处、舞台、通道路引、交接处、餐桌、婚车、手捧花、胸花等。再美丽娇艳的花朵都需要器皿的衬托，根据花材的个性搭配合适的道具，使它们相得益彰，是当时我们与婚礼策划沟通最多的地方之一。因为我和先生是在图书馆重逢后才有了更进一步的接触，所以我们最后确定的主题是将鲜花与书本结合在一起的"书中自有百花开"。

苍穹之下，大地之上，只要是有花的地方，就可以让我们去感受心灵深处的平静或喧哗。在我们人生最重要的时刻之一，在我们幸福满溢无法言说的时候，邀请亲朋好友与我们一起去聆听花的语言，观赏花的细致与柔美，如能读懂了花语，就必然读懂了我们的心声。

我参加过一场更亲近大自然的婚礼，是我大舅舅家的表弟的婚礼，他与新娘相识于一场留学华人圈的私人聚会，大概受了点西式婚礼的影响，他们把婚礼举办地点定在了户外草坪上，开始时间也是下午临近黄昏的时候，新娘在暖阳最后一抹余晖中走来，被满眼的绿草粉花环绕着，她站在草地上的花海中沐浴着阳光，仿佛所有的美好都停留在那一刻。

每一个女孩都梦想着有一场浪漫、独一无二的婚礼，我和表弟的爱人都有幸得到并记忆深刻，我想婚礼中各具特色的配花功不可没。

开到荼蘼花事了

我学电影语言的时候，老师说场景设计是电影作品构成中非常重要的部分，它不仅为表演者提供背景，还为画面组成艺术风格的视觉内容。鲜花作为电影不可或缺的道具，究竟能为电影增色多少？

电影中的花总能吸引我的目光。《绝代艳后》中18世纪法国宫廷和社会的各种震撼，匪夷所思的奢侈，欲望交织的爱情，法兰西王后头顶绿叶白花的纯粹花环，胸前艳丽的花朵，用花语描述着这位王后从天真到糜烂的一生。

感受美，创造美

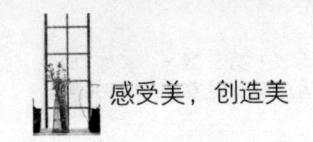

　　《赎罪》是一部镜头运用得很美的电影。电影中经常出现在女主人公手里的花束，男主人公置身于丽春花海之中的画面，无不暗示影片中人物最后的命运，以及他们复杂的内心活动。开到荼蘼花事了，我们能从一束花里看到战争的残酷、爱人离别的无奈、人类的身不由己以及自我救赎的隐喻。

　　我是一个感性的人，偶尔会随着电影情节伤春悲秋，看到有情人不能相守，难免会说一句可惜。这时我女儿如果正巧拎着浇花的水壶经过，她大概也会应和一声"可惜"。我问她可惜什么，她会说："可惜电影里那些人不爱惜花，应该把它们做成插花或者头花呀，那样就不会蔫儿得那么快了嘛！"

•第二章•
给生活加点花花草草

§ 书与花与茶

清初，爱花翁陈淏子隐居在杭州西子湖畔，因此被称为"西湖花隐翁"。他写了《花镜》一书，收录他毕生的花木栽育经验。其书自序云："余生无所好，惟嗜书与花。……快读之暇，即以课花为事。而饮食坐卧，日在锦茵香谷中。"

自古书房有花香

我一直觉得书与花最为般配。古人对花卉的喜爱深切而热烈，他们视花为友，日日精心培育，躲避尘世浊物，探寻宇宙，隐入大自然怀抱，与我们今天讲回归自然、保护环境、珍视绿色植被的思想正是殊途同归。

前面说的陈淏子，是清代园艺学家，其所著《花镜》是我国重要的园艺古籍。此书据说是有友人相求"何不发翁枕秘，授我花镜一书，以公海内，俾人人尽得种植之方，咸诵翁为花仙，可乎？"陈淏子在书中记载了"课花十八法"，细述嫁接、扦插、培育新种、浇灌、培壅、变幻花色与催花、修剪等法，以及插花、盆景、园林花景配置法等，并记录三百多种花果草木，详述形态、种植法，内容丰富，是难得的古代园艺资料。

我们家的书房里有很多花，书桌上的山水盆景、书柜上垂下来的吊兰、书柜小格子里的蛋壳微观、书房一角还有一大盆已经长得枝繁叶茂的芦荟。我喜欢在

感受美，创造美

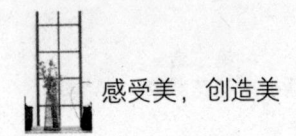

花草的清香中阅读，觉得花草香与墨香相得益彰，人与书相知，书与花和谐，起居安乐，闲情偶寄，人生夫复何求。

我认识一位老编剧，写了几十年剧本，手里还是有些积蓄的。多少年了，他还住在旧房子里，对于换房之类的事从未动过心。他的儿女也曾劝过，他说，如今只有老两口住，足够了，何必要从众去追求所谓的大房子呢？他说他更喜欢一种拥挤的温暖，房子大了，心也就空了。他家的房间装修简洁，布置却充满书香。是的，他家随处可见的是书籍，卧室、客厅、阳台甚至卫生间里都有大大小小的书柜，但是地上、过道、角落里还是堆满了新新旧旧的书。他家的餐桌上垂着长长的桌布，掀开看时下面有摞得满满的书。他喜欢在阳台上种睡莲，养养花，看看书，写写剧本，他说："这一生可真是惬意。"

这大概就是老先生的生活态度。选择哪一种生活，就看我们注重的是什么。想通了，生活便简单了，也圆满了。

花艺与茶道兼美

我姐姐去学过一段时间茶道，额外又从老师那里听了不少与花艺相关的内容，原来她的老师是个花、茶双修的高手。姐姐听了那个老师的课，回来说："茶与花密不可分。"

对于大多数人来说，生活中都有从众的心理，别人怎么过，我也得怎么过，不然好像就不对劲，被排斥，不是主流生活。有的人其实未必喜欢，但是也学别人去鼓捣一些时髦的事物，听听音乐，喝喝咖啡，炒炒股票，买房买车，但是也有种"现在我的生活越来越往上走，怎么快乐越来越少了"的感慨。

而我们或许更愿意听从内心的声音，在冬天的早晨安静地晒太阳，或是在

第二章
给生活加点花花草草

夏夜看着月亮从一边升起再在另一边落下，我们会看一些好的电影，为孩子挑选适合她的动画片，除此之外，最重要的，我们手里有茶，身旁有花。茶香与花香能结合成这个夏天最浪漫的味道，室内与窗外的绿融成一色，好的东西一定是简单的。

友人从英国回来，谈到快乐的能力。这个话题不再新鲜，但是她谈的角度特别新鲜。她说人要通过大反差才能获得平衡感，才会感知幸福。她留学之前，住的地方走一百米就是一个公园，一年里至少有半年的时间满园花红柳绿，但她一年也不会踏足一次；她的爷爷是个老茶友，拿大瓷缸喝了一辈子沏得浓浓的茶，她嫌弃爷爷喝的茶苦，从来没陪他喝过一杯。后来她到英国留学，吃汉堡薯条吃到腻歪，突然有一天疯狂想念爷爷的大瓷缸浓茶和家门口的公园花草。她给国内的母亲打电话，半夜两三点钟把母亲从睡梦中吵醒，哭得稀里哗啦地诉说着自己地伤心，弄得她母亲哭笑不得。她母亲只好在第二天给她录了十分钟的爷爷喝茶记和公园半日游的视频。这姑娘对我说："我从没那么强烈地感受到，茶和花是老天爷赐给人类的珍宝，没有它们的人生就不算完整。"

英国难道没有茶吗？不是的。英国素以红茶闻名。英国难道没有花花草草吗？怎么可能？英国的绿化并不比中国差，园林在全球都有盛誉。我的朋友不是在英国找不到茶和花草，她只是得了一种叫思乡的病。

我们的"黄金屋"

在与从英国回来的友人交谈之前，我并没有总结过花、书、茶在我生活中所占的比例。等我细细一想后，便有些吃惊。工作之外，属于我自己的时间里，居然到处都有这三样事物的身影。

感受美，创造美

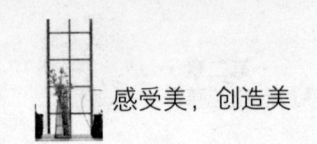

我们的家里处处有花有草，色彩未必繁复、香气未必扑鼻，但总归满眼都是。从一进门的玄关，到客厅，到书房，到卫生间，到卧室，再到阳台，我们总能一路在大自然的气息里经过。我们的家里也处处有书，书房自不必说，偶尔在客厅或卧室有正在读的那一本，甚至有一些已经成了厕所读物，阳台上有侍弄花草时顺便看一眼的书籍，每每看到它们，我就有一种自己非常富有的满足感。托姐姐的福，我们的家里如今也有许多茶，当然最多的还是普洱，但是也有不少先生专门买给我的红茶，以及他最爱喝的六安瓜片。

古人的劝学诗里说"富家不用买良田，书中自有千钟粟。安居不用架高堂，书中自有黄金屋。"我觉得俗世繁华，而我们偏安一隅，不必车马盈门，不必满堂荣华，"赌书消得泼茶香"，只要一本书、一杯茶、一瓶花，择一城终老，遇一人白首，我便觉此生无憾。

§玄关处的花，生活里的"小确幸"

我听过一位台大中文系老师的课，她说花与女人最相配，花是草木之葩，女人是上天落入凡间的精灵，二者都是天地灵秀之所钟，是美的化身。我们家的玄关处养着一盆白掌，宽大的叶片中悄然绽放出两朵白色的花，远远看去，特别像两位娇羞的少女在窃窃私语。

芬芳迎人归

去年是个多事之秋，但我仍然适度保持着自己的节奏，从繁杂事物中跳脱出来，安静地待一会儿，做点什么。后来索性想，不如去其他地方走走。看多了出门旅行的人大呼小叫、拍照狂购，偶尔看到安静的旅人，真觉得是一道天赐的优美风景线。

在某个海边的温泉小镇，环境宁静清雅。清晨在海边散步时，我发现一个静坐的年轻女人，长时间地望着远方的海面，后来问路时经过简单的交流，知道她是从隔壁城市过来度周末的。她住在一海边民宿里，每天泡泡温泉，随意走走便好。从隔壁城市过来，车程不过一个小时，时间和空间上的转移，安静地看日出或日落。

年轻女人见我女儿在一边安静地站着，就问我："孩子要到这么大才有机会

出来走走吧？"其实不是。我女儿从小既叫人省心又不让人费精力，她从不黏我，她很乐意和她爸爸待在一起，如果是她姥姥或姨妈陪她玩她也高兴。我从未因为婚姻或孩子而打乱自己的生活节奏，如果硬要说改变，就是一同旅行的人从闺蜜换成了先生和女儿。

旅行途中的住处紧靠一个公园，有条小河穿过，河水清澈。两边树木葱茏，非常有野趣。沿着小径散步到公园的中央广场，刚过六点，却慢慢聚集了一些准备晨练的老人。一位遛狗的老人坐在河边看着书，另有几个老人带着环保袋，用夹子夹着清澈川流中的些许杂物，见我们站在旁边，就热情地指着河里的锦鲤，示意我们去看。我女儿喜欢鱼，就和他们一起盯着水里的鱼讨论，很有意思。

在外面待了三天，享受够了他乡的晨光与落日，身心都仿佛被注入了灵气，之前工作上的疲累一扫而空，我们一家踏上了归程。

打开门，一股淡淡的花香沁入心脾，白掌正静静挺立着，似乎很欣喜我们的归来。人间烟火气扑面而来，我顿时心里一暖，回家了。我特别喜欢在玄关这里摆一些物件，最早是摆公仔布偶，各式各样的猫猫狗狗憨态可掬地朝进门的我露出笑脸；后来放过一段时间各地工艺品，看着它们总能想起那些地方的风土人情，很让人心情愉悦。还是女儿提出在玄关摆花的建议，她说："我可太喜欢一进门就能闻到花香啦，能让我高兴一整天。"于是玄关台子上就换成了白掌，优雅安静，花香淡淡。

人与花相宜

我觉得如果想了解一家人的风格特点，只要看看这家的玄关摆设就能窥得一二。比如我自己家里现在摆的是白掌，"寂寞空庭春欲晚，梨花满地不开门"。

我家里人与人相处的原则是保持距离感，严格遵守"适度"二字。以前摆各地工艺品的时候，我特别向往"说走就走"的洒脱人生。而再早以前摆公仔布偶时，我的心智还不够成熟。

我爸妈家里的玄关处是一盆芦荟，那种摆在地上都半人多高的，在家里养了至少十年。我觉得芦荟特别像我爸妈，不漂亮，没有香气，但是可以补水保温，还能愈合伤口、滋养血管，属于那种默默奉献不求回报的类型。

我姐姐家的玄关处有一面水晶珠帘，帘后摆着一盆滴水观音，寓意吉祥如意，这花名字极巧，花语也好，给人一种静谧的张扬之感，仿佛于无声处惊雷，和我姐姐给我的感觉很像。养花似主人，这话还是有一定道理的，就像人家常说的家里养久了的猫猫狗狗就会模仿主人的行为举止，一家人生活的时间长了就有"夫妻相""家人脸"一样。

不同的花有不同的美，有姹紫嫣红，有千娇百媚，不同的人也有不同的脾性。人与花和谐共处，人与花相辅相成。我偶尔去不相熟的人家里做客，为了验证自己的观点，总是最先观察人家的玄关，如果是摆花的，便觉得是同道中人，心里先喜欢了三分，再作交谈，哎呀，共同话题也多，于是也许就多了一位友人。这是与人结缘，更是与花结缘。

亭亭复亭亭

白掌开始摆在玄关的时候，我女儿还小，她踮起脚摸着花瓶说："白白，好香。"对了，这是她的一个爱好，就是给家里所有的物件取一个名字，然后居然还能记住这些名字，特别神奇。这瓶玄关的白掌名字就叫"白白"，我一度担心书房的那盆吊兰要叫什么，后来听到她叫它"小白"，这才放下一颗心。

感受美，创造美

这盆白掌一直陪伴着我女儿成长，算是另一种意义上的青梅竹马吧。她们彼此见证了对方从稚嫩到明艳、从青葱到亭亭的过程。亭亭复亭亭，是我家娇花和娇花一样女儿的写照。

来家里做客的朋友特别惊讶，问我："这盆花居然已经养了四年了？"她觉得特别不可思议，因为她家里的所有花都养不到三个月，不是叶枯花蔫，就是烂了根茎。对此我也深感不解，因为即使是买回来的鲜花，在我家也能养到差不多一个月，之后还可以做成干花，当成装饰品摆着也很好看。

于是我对那位朋友说："养花是有秘诀的。你要把花当成孩子去养。"朋友露出若有所思的表情，沉吟良久，临走时说："我回去再试试。实在太喜欢每次从你家离开时这一路清香送别的感觉了。"

她郑重其事的样子有点可爱，养花是要这样用心才行。我很欣慰，感觉这盆玄关的白掌实在效用非凡。

· 第二章 ·
给生活加点花花草草

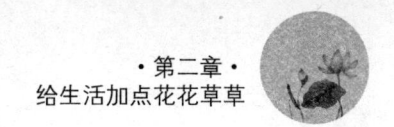

§ 参透花草的智慧

一座城市，或是城市里一个公园一片绿地，能极大地影响着一个人的成长或者命运。对于从事文字工作的人影响更深。莎士比亚在名作《罗密欧与朱丽叶》中提到莠草和香花："草木和人心并没有什么不同，各自有善意和恶念争雄。"看花看草可不只是闲情逸致，这些大自然的造物有属于它们的智慧。

春为始万物生

大部分花草生长在春天，春天是开花最多的季节。从三月开始，小区里的迎春、玉兰、桃花、樱花、梨花便竞相绽放，站在阳台上望过去，仿佛置身在一座大花园中。"高楼晓见一花开，便觉春光四面来。"这些花就如春的使者，为这色彩缤纷的一年拉开了序幕。

被誉为"群经之首"的《周易》以智慧之语提示着自然现象："天地变化，草木蕃。"即当天地交感，万物自然变化，草木就欣欣向荣。

植物学是一门自然科学，植物文化则是人文科学，二者相互交织，清新博大，在传统文化中蔚为奇观。多样性的植物，这些郁郁葱葱的花花草草，构成中国古典文学中最为生机勃勃的内容。伟大的文学作品蕴含着博物精神。

我从小热爱亲近大自然，近些年又尤爱伺弄花草。我爱它们，就像草木热爱

它们休养生息的大地。我年少时家里院中种的老梅花树，因为城市改造已经不知所踪，但每每想起它时，常常牵动心底最柔软的乡愁。

我有时会想，这些花草植物的智慧是什么呢？当远古时，还没有天文历法、四季交替的概念，人们不知道什么时候该播种、什么时候该收获，但是他们发现这些田头垄间的野花野草会在某段时间开始茁壮成长，又会在某段时间萎靡枯黄，而它们的变化和自己所种庄稼的变化总是出奇的一致，人们便对这些野花野草产生了兴趣。后来人们又发现，如果平时生活之处的野花野草多，他们就会精力更旺盛、干劲更足；而如果附近的野花野草少，就容易疲累困乏，于是他们开始把这些野花野草采集下来放在家里，甚至把它们移植在房前屋后。

就这样，一些美丽又娇嫩、需要人用心呵护的花草慢慢从山川野外走进了人们的家中。而另一些更向往自由的花草，它们把家安在远离人迹的地方，只偶尔出现在猎奇的镜头里。至于那些更珍稀的品种，或是有药用价值的花草，它们干脆长在荒芜人烟的地方，或是悬崖峭壁之上，与世隔绝。

与花草对话

"春雨惊春清谷天，夏满芒夏暑相连。秋处露秋寒霜降，冬雪雪冬小大寒。"如果认真观察四季的变迁，我们会发现二十四节气的奇妙——立春那天，再严寒的天气里，阳光也有了一丝暖意，冰雪像听到了口令，一齐开始消融；而到了立秋那天，本是酷暑，晚上却忽然有了凉风；秋分的时候，街道两旁的树叶五彩斑斓最为鲜艳；小寒那天，则是一年最严寒的时节，千里冰雪，大地封藏，却又隐含生机与希望。

花草会与节气对话。立春时有蜡梅报春，"窗外风不寒，蜡梅花劲开。冰河

第二章
给生活加点花花草草

在解冻,春天已到来"。雨水时迎春花开,"细雨润发丝,迎春花儿艳。溪畔黄牛吼,杏花蕾待开"。每个节气都有花草与之呼应,这是物候对历法的和声。

花草有灵性,与人相处久了,便也与人对话。有一年我们出门旅游,因为出现了一点意料之外的情况,原定的三天出行变为七天,尽管已经拜托母亲帮忙去家里照看一下花草,我仍然担心她有顾及不到的地方。回去一看果然出了点问题,有一盆绿萝因为放在书房角落里,被一个置物架遮挡,母亲没有看到。七天没有浇过水的花整个趴在花盆里,蔫得扶都扶不起来。

我当时特别担心,很怕它就这样死掉。后来还是先生说这种花既然号称"养不死"就必然有过人之处,让我先给它浇足了水,然静观其变。绿萝果然没有让我失望,第二天醒来时它已经有一半支棱起来了,第三天就完全焕发了生机,其自愈能力远远高于人类。

但我依然深觉愧疚。生命力顽强是绿萝天然的属性,作为主人我却没有尽到照顾它的责任,它那么努力,我却没有回以相同的用心,在它心里我必然不是一个合格的饲养者。从那以后,再出门时我都会做好万全准备,不让此类事情再次发生。

有一颗自然心

如今人们生活节奏越来越快,面对纷繁复杂的人和事,不知不觉中与美妙的大自然渐行渐远。我们的身心很难再找到一方栖息的净土,何不进入"花花世界"呢?这里有我们意想不到的快乐与收获。虽然我们不能随时随地享受自然,但是我们可以把绿色养在身边。

做一个养花养草的人不难,但是做一个会养花养草的人却不容易,这不仅需

感受美，创造美

要我们拥有一份耐心，还需要掌握养花养草的技巧。只要我们能沉下心来，用心侍弄，假以时日，我们便可以在自己精心营造的"花花世界"里与生命邂逅，与花草对话，从而体悟生的哲理、活的绚烂、生活的滋味与美感。

古人说玩物丧志，但是养花养草却可以养志。不但养志，还能养精神、养胸襟。所有植物都有知难而上的本能和领悟的奋发，为了完成自己在世上的使命，所有的花草都不遗余力。在这个星球上，它们都以独特的形式存在着，它们怀着雄心壮志，不停地挑战，不断地去征服、去超越。这个目标实在太宏大，为了实现它，它们需要克服"土地的束缚"这个自然规律，它们面临的难题远比动物要严峻。

我们看着这些生机勃勃的大自然精灵，感受着它们为了生存而生出的智慧，领悟着生命最初的悸动，享受着属于自己的生活，人生也不过如此。

· 第二章 ·
给生活加点花花草草

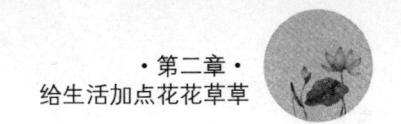

§ 春色如许话耕读

"种植圈"是近两年开始兴起种菜种果热的，人们觉得自己亲手种植的蔬菜水果不必担心农药等问题，吃起来没有心理负担，还可以顺便净化空气，同时又增加了自己的劳动量，可谓一举多得。看着这些蔬菜水果在一年四季中的生长变化，观察着社会万象与生活百态，体味生活，感悟人生。

古人有"九雅"

我们翻阅古书，可以看到古人有"九雅"：曰焚香，曰品茗，曰听雨，曰赏雪，曰候月，曰酌酒，曰莳花，曰寻幽，曰抚琴。明人陈继儒在《幽远集》中说：香令人幽，酒令人远，石令人隽，琴令人寂，茶令人爽，竹令人冷，月令人孤，棋令人闲，杖令人轻，水令人空，雪令人旷，剑令人悲，蒲团令人枯，美人令人怜，僧令人淡，花令人韵，金石鼎彝令人古。

这样一些生活的风致，似乎已离时下的我们十分遥远。随着生活节奏的加快，人们匆促前行，常常忽略了那些诗意、美好而无用的东西。似乎只有回到乡村，回到稻田中，开始一种晴耕雨读的生活，才能真切地体会到内心的许多变化。

然而现实生活中并不能随时"说走就走"，我们要自己想办法调节。养花养

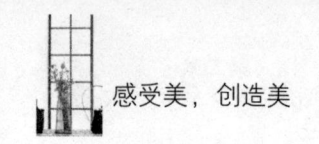

草养蔬养果，可以让我们体会那种春天里插秧、秋天里收获的喜悦心情，与花草蔬果在一起，会使我们的生活节奏在无形之中慢下来，既从中得到许多快乐，同时也能获得内心的宁静。

古人也要经历和我们一样的人生百态，"九雅"也不过是他们所希望自己能达到的境界，在这一点上我们和古人并没有什么不同。而我们能做的，就是靠自己的双手去创造自己想要的生活。我们养花养草、种菜种果，闻花香听雨，见草色赏雪，品茶抚琴，对月下棋，如此人生，夫复何求。

我家里最早开始种菜的是姐姐，某个周末她给我们带来一小袋自己种的西红柿和黄瓜，都是袖珍版的——这种花盆里种出来的蔬菜注定长不出正常的尺寸。不知道是不是心理作用，我吃着这些缩小版的蔬菜，感觉味道特别香甜。

后来母亲也知道了这种"农作物"的存在，立刻兴趣大增，几乎把整个阳台都腾出来了，买了十几个专门用于家里种果蔬的长方形叶菜盆，又买了西红柿、黄瓜、生菜、香菜、小葱、秋葵、草莓的种子，开始以极大的热情投入到种果蔬的事业中去。而原来被她钟爱的花花草草，也处于暂时失宠的状态。

母亲出身于林场，对土地和农作物有着由衷的热爱。她上了年纪之后最大的爱好就是一日三餐，如今竟然能吃上自己种的各种蔬菜，简直就是快乐翻倍。

审美之上的"雅活"

"雅活"的概念中国古已有之，大凡衣食住行、生活起居、谈琴说艺、访亲会友、花鸟虫鱼、劳作娱乐，这日常生活里的一切，古人都可以悠然自得地去完成。"雅活"的因子，覆盖了日常生活的方方面面；也可以说，"审美"这个东西，已渗透到中国人的精神血液里。

第二章
给生活加点花花草草

我们都希望自己能雅活。钱穆先生说:"一个名厨,烹调了一味菜,不至于使你不能尝。一幅名画,一支名曲,却有时能使人莫名其妙地欣赏不到它的好处。它可以另有一天地,另有一境界,鼓舞你的精神,诱导你的心灵,愈走愈深入,愈升愈超卓,你的心神不能领会到这里,这是你生命之一种缺憾。"

我母亲会把梅花掉落的花骨朵,用盐腌渍好,到了夏天,再拿出来泡水,梅花会在沸水作用下缓缓绽开。她做的花茶味道未必就比外面买来的好,但它是母亲亲手、用心制作的,用的是家里养了好几年的梅花,不会存在任何卫生、食品安全上的问题。这是一件多么美好的事情!

生活之美到底是什么?每个人自有不同的答案。我母亲可能觉得生活之美就是阳台上种的秋葵长势喜人;我爸爸则大概认为生活之美就是他的棋艺打败小区里的所有棋友;我先生也许觉得生活之美就是永远能看到想看的书;而我女儿可能觉得生活之美就是我终于答应她养一只像姨妈家那样的三花猫。

对雅活的定义也一样。它没有什么标准答案,生活本无标准可言——每个人的实践,都只是对生活本身的探寻。而我们当下的生活,有花草果蔬相伴,如此丰富,如此精彩,自然也蕴含着无比深沉的美好。

我想起母亲描述的林场,她年少时和小伙伴们在房子间的草丛里玩耍,那些只存在于她回忆里的夏日,茄子、豆角、小葱、黑加仑……蓬勃生长的菜园子,一直嗡嗡飞的小虫。她会眺望窗外的远方,喃喃自语:"捉蜻蜓的纱布网是不是还在那里,挂在小门的秋千边上?我还想去秋千上坐一坐,从那里能看到黄得耀眼的南瓜花、开紫白色花朵的豆角架……"

我本是闹市里的"耕读"之人

然而我对这种阳台农作物有点束手无策,我本来就是家里动手能力最差的人,我种的花草都没有母亲和姐姐家里长得好,我做的饭也是全家最不好吃的。所以当我决定跟风种菜的时候,就郑重其事地跟先生"预警":"我种的菜咱们就看看绿色就好,不一定能长成。"先生也一如既往地安慰我说:"没事,重在参与。"

我最先尝试的是种西红柿和黄瓜,结果几经周折种出来的果子小到差点找不到。后来又种了小葱和秋葵,结果也不尽如人意。后来母亲实在看不下去了,建议我种生菜和香菜,她觉得这两样是最好种的,"谁都能种好"。

我想,怎么也要种好这两样吧,这也算是我最后的倔强。于是,我们家的阳台蔬菜就保留了生菜和香菜,一直到今天。

城市喧嚣,而我们家里却安静如许,我们"隐身"于此,在繁忙的工作或学习之余,慢慢地读一本书,养花种菜,做一个自在的耕读之人。

·第二章·
给生活加点花花草草

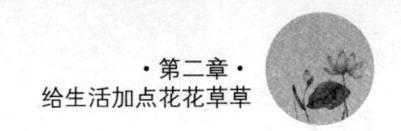

§我们的百草园

"百草"是一个充满神奇的词语,《庄子·杂篇·庚桑楚》中说:"夫春气发而百草生,正得秋而万宝成。"我们家里并非真的有百草,但是有花有草有蔬有果,也算得上种类繁多、琳琅满目了。

文字中的群芳谱

少年时候看《倾城之恋》,看《金锁记》和《沉香屑第一炉香》,看张爱玲以其独特的参差对照手法写作,塑造了一个个那个时代里苍凉的人物,他们是那个时代的广大的负荷者,虚伪之中有真实,浮华之中有朴素。而她的作品里同样出现了许多有地域特色的植物,有人还专门分析这些植物在张爱玲作品中的作用和价值,《倾城之恋》里的凤凰木、棕榈,《沉香屑第一炉香》里的象牙红、樟树、凤尾草,《金锁记》里的雪里红、水仙花……这些植物多姿多彩、种类繁多,在铺陈情节、描绘心理、营造意境等方面起到了举足轻重的作用。

而我国文学名著《红楼梦》,也把一众主要女性人物以百花暗喻,作者用花的特性指代角色的性格命运。浩浩几千年,更是有无数文人墨客把世间的花草写入诗词文章中。我自己是文科生,喜欢用文字抒发自己的心情感悟,我每每看着自己种的花花草草,常会有赋诗一首的冲动,也写过一段时间的种花日记,以此

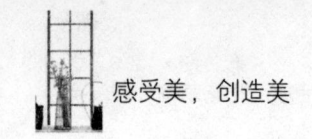

聊表我对它们的重视和喜爱之情。

上学时学过一篇鲁迅先生的作品，叫《从百草园到三味书屋》，"我家的后面有一个很大的园，相传叫作百草园……但那时却是我的乐园。"我的童年其实并没有享受过真正的"百草园"，尽管那时家里的院子很大，但是住着爷爷奶奶、我们和二叔三家人，院子中央的老梅花树，似乎也没有什么绿色。大概家里真正喜欢鼓捣这些的只有母亲，而她既要每日出门工作，还要照顾我和姐姐，更得孝顺爷爷奶奶，恐怕一个人恨不得分成三个来忙，自然没有精力去侍弄花草。

但是我的女儿倒是有机会过与"百草园"相伴的生活。鲁迅先生的百草园里有碧绿的菜畦，光滑的石井栏，高大的皂荚树，紫红的桑椹；鸣蝉在树叶里长吟，肥胖的黄蜂伏在菜花上，轻捷的叫天子（云雀）忽然从草丛间直窜向云霄里去了。而我们的"百草园"里开门便能看到散发淡淡清香的白掌，客厅里有挺拔碧绿的富贵竹，卧室里有缩微的山水景观，书房里有吊兰芦荟，阳台更是有花草有蔬菜。鲁迅先生的百草园早已不在，而我们家的百草园却能一直陪伴女儿的成长，融入她的童年记忆里。

自己种花自己赏

种花大致会分三个阶段。第一个阶段为入门摸索期，这个时候人人都可以为吾师，谁的意见我都会接受，不停地试错、尝试，心理承受能力出奇的强大，不怕挫折，一心朝着成功迈进。第二个阶段为初见成效期，这个时候就希望人人都看到自己的成绩，手机里会有无数张花花草草的照片，如果有人提出参观一下，几乎毫不犹豫地同意。第三个阶段为怡然自得期，这个时候已经不再有炫耀的虚荣心，开始考虑植物们的感受，希望能安静地与它们共处，欣赏它们的芳香和美丽。

　　我有一个社交能力特别强的朋友，家里有两个特别大的阳台，她很用心地设计阳台的布置，种了不少珍稀的花草。因为喜欢热闹，她差不多每个周末都会邀请朋友、同事去家里聚会，这些人往往对她的厨艺好评如潮，更是对她阳台上的花草赞不绝口。她特别喜欢这种被人簇拥的感觉，很是受用了一段时间。可是渐渐地，就有人以熟人的口吻挑剔她的种植，给她提出各种稀奇古怪的建议，还有人毫不见外地扯着叶子或是花瓣研究。这让她极度不适，她发现在养花这件事上她已经不喜欢与人分享了。她心有余悸地对我说："我自己养的花还是自己欣赏吧。"

　　我很赞同她的观点，养花赏花其实不必众乐乐，我们的快乐便是独乐乐这般简单。我们种仙人掌，就算如它那样生活，浑身带刺，也有人爱。这个世界没有规定，要我们必须与人分享，要我们必须接受挑剔，我们就做自己，小气一点也不要紧，不是所有人喜欢也不要紧，因为做自己这件事，不会有人比我们做得更好。

　　就像我的那位朋友，停止了不必要的聚会，拒绝了不想听的建议，然后她的生活变了，变得更好——天气很好，云很可爱，风很温柔，花很浪漫……美好的东西正在排着队发生。生活不就是这样简单吗？

人间芳菲是百草

　　千娇百媚的花草是大自然赠予人类最美好的礼物之一。浪漫的玫瑰，优雅的康乃馨，玲珑的满天星，华贵的牡丹……每一种花草都有自己独特的魅力和气质。它们尽情地生长、绽放，在把美丽献给世间的同时，也在积聚着大自然的精华，形成自身独特的价值。

其实很多花草都有着观赏以外的用途。比如菊花，是中国十大名花之一，也是花中四君子之一，用干菊花泡水或煮粥可以降血压、明目、提神。比如我们家里养的芦荟，可以消炎杀菌、抑制体内细菌滋生，还能止血、止痛、促进伤口愈合。

我们养花草，最初不过是为了给生活增添一些色彩，结果通过光合作用，能让自己呼吸到更纯粹的氧气。我们通过养花养草、种菜除虫而锻炼了身体，在不适合外出的天气里观花听雨、读书品茶，过上了自己梦寐以求的自在生活。"人间四月芳菲尽，山寺桃花盛开。"我们的人间芳菲不就是这随处可见的百花百草吗？

养花人会与花草心意相通，花草经由我们的侍弄而将生命再次升华，我们则用心来感知花木、温暖时间。与花草共处，让我们摆脱孤独、拥抱生活；与花草同生，让我们敬畏自然、敬畏生命。

第三章 家居收纳的秘密

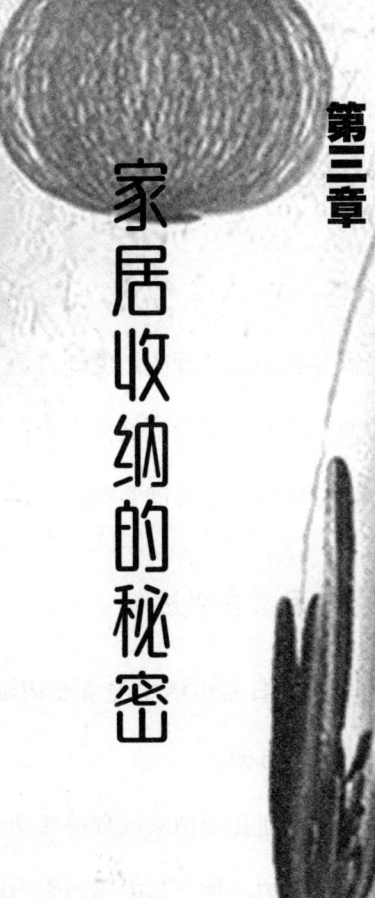

我们可能擅长写剧本，也可能搞得定 AI 和电子力学，但是我们不一定能整理好自己的家。我们每天妆容精致地穿梭在写字楼和金融街，长发飘逸，裙摆飞扬，但没人知道我们的衣橱里乱得像二叠纪大灭绝后的史前地球。古人说"齐家，治国，平天下"，家居收纳也是一种生活美学。

感受美，创造美

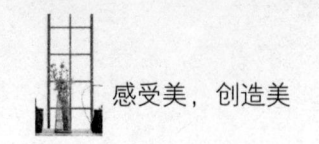

§科学合理的收纳法则§

其实生活中需要我们去整理收纳的地方数不胜数，有的人可以把自己的家打理得井井有条，而有的人，则只擅长把它弄得更乱。那么，是否存在一种科学合理的收纳法则，值得我们去参考借鉴呢？

使用频繁的物品放在手边

有很多东西是我们日常生活中经常要用到的，如果不是放在随手可取的地方，生活就会变得极不方便。

我曾经为了缝一颗纽扣而把家里翻得底朝天。那是一颗夏天裙子上的水晶纽扣，值得注意的是还两边对称，其中一颗因为脱线而掉下来，当时我已经打扮好准备出门了，走到玄关时这颗扣子从我的肩头掉到脚下，我立即放下包，去卧室翻找针和线。

然而卧室里并没有。于是我又去书房找，也没有。餐厅，当然更不会有。直到我把家里弄得更乱了以后，终于在卫生间找到了一根针，在厨房抽屉里找到一卷线，又在阳台的花盆里找到了剪刀——我到现在也想不明白它为什么会在那儿。

还没开始缝，和我约会的闺蜜就打来了电话，她在我们约会的地点已经等了我三十分钟。于是我向她解释了自己的处境，并告诉她我很快就到。那天的约会我整整迟到了一个小时零七分钟，而事实上缝扣子我仅用了一分钟时间。

我讲这个故事的目的不是为了炫耀我和闺蜜的友谊，好到可以让她在夏日酷暑里苦苦等我一个多小时。我想表达的是，如果我能很好地收纳整理家里的物品，那就可以非常快速地找到针和线，是不是就不必迟到，而把大好光阴都用在逛街、吃饭这些能让我们愉悦的事情上呢？

那次之后，我总结了经验教训，把自己经常会用到的物品列了一个清单，又买了精美的盒子把它们装好，然后把盒子摆在卧室床头柜里。我发现这的确管用，因为我在好多时候做事都变得容易了。

我发现，以物品的使用频率来收纳家里的东西不失为一个好方法，把经常使用的物件都放在随手能拿到的地方，会让我们做事变得快捷，省去了思考这样东西可能在哪里的时间，让我们不必因为找东西而耽搁时间，这样会明显提高我们的生活效率。

垂直墙面的有效利用

我们的家里都会有很多墙面，但是好像除了用来挂个壁画或者电视机、钟表，它们就没有其他价值了。真是这样吗？事实上恰恰相反，这一面面或大或小的墙面上，有很多可以让我们发挥的垂直空间。

我的朋友里有人把墙面利用到了极致，我每次去她家看到这些墙都心怀敬畏，叹为观止。她在书房书桌的上方做了三层隔板，按家里人身高的顺序分配使用，最下面一层给家里年仅八岁的儿子，中间一层归她本人，最上面一层则划分给她将近一米九身高的先生。一家人的阅读喜好泾渭分明而又相处融洽，温馨中

还透出浓浓的书卷气息。我看着这个书架，脑海里就能想象到某个夏日的黄昏，一家人吃完晚饭，分别坐在书桌前的椅子和旁边的沙发上，互不打扰地各自看着自己喜欢的书籍，也许偶尔抬头，便会相视一笑，生活惬意而美好。

她家的厨房则被各种厨柜统治着，只要不是做饭的时候，料理台上不会看到一件多余的物品，哪怕使用频繁的水杯或抹布也一样。橱柜里则摆满了架子和收纳盒，绝对没有一堆碗盘叠在一起的景象，它们都放在自己独立的空间里，并不拥挤。随便需要什么物品，她都能立即从橱柜里拿出来，把方便高效运用到了极致。

她家的卫生间则充满了异域风情，每面墙都体现出各自不同的特色，洗脸池侧面的白色瓷砖上伸出黑色简洁的铁架，硬朗而又极简；另一面的浴缸里侧是棕色木质的拼接墙，看起来特别有东南亚韵味，洗个泡泡浴会让人幸福得仿佛置身天堂。

我常常听到其他朋友抱怨："我经常使用的物品就已经够多了，台面上什么也放不下了，这些新的东西要放到哪里去呢？"每到这个时候，我就特别想把他带到那个擅长利用墙面的朋友家里，让他们跟她取取经，也把自己的物品归纳得井然有序，让生活条理分明。

看不见的多元空间

无论我们的家有多大面积，里面都隐藏着一些看不见的空间，每当我们找到一处，就像收获一个意外惊喜，这感觉就像我们小时候常玩的寻宝游戏，让我一度热衷于此，而又乐在其中。

第一份宝藏在床底。现在的床大多数都是下面一个个格子的那种，一张2.0

米×2.5米的双人床，下面的格子就可以装很多东西。我家会在里面装距离最远那个季节的物品。打个比方，现在是夏天，我就会把冬天的棉衣、棉鞋、厚被子放在里面，这样至少有五六个月的时间不用去床底找东西。

第二份宝藏在衣橱顶。除非是定制的衣橱，否则大多数衣橱顶端都会距离天花板有一定的空间，这个空间如果不利用就会有点浪费。我家会把一些有意义但是已经用不到的物件放在柜顶，比如我大学时获得的奖杯，女儿幼儿园得到的第一朵小红花，我先生当年司法考试时的教材，等等。这些都是家族的传承，不值钱，但对家人来说非常有纪念意义。放在衣橱顶，既不占地方，又能好好存放它们，可谓一举两得。

当然还有第三份、第四份宝藏，比如卫生间浴缸下、阳台窗台上等，可以利用的空间远远比我们以为的要多。那我们何不在闲暇时，在自己熟悉的环境里，去进行一番奇妙的探索呢！

家居收纳，这看似不起眼的活动，原来还有这么多新奇有趣之处。自己亲手整理过的房间，看起来焕然一新，会让我们获得满满的成就感。这个宛若新生的家呀，真是怎么也待不够！

感受美，创造美

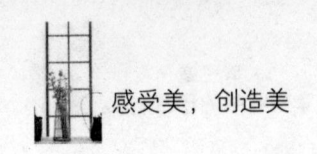

§ 归纳做得好，居住体验妙

夏天的清晨天亮得很早，我属于永远想在床上多赖一分钟的人。某天睁开眼睛时，穿戴整齐的先生已经把女儿牵到床前，于是我便知道，今天轮到我为小姑娘梳洗打扮——这是我和先生之间的约定，我们都太喜欢摆弄漂亮的小姑娘了，为此曾发生不只一次的"争夺战"，最后略占上风的先生提议大家轮流施展拳脚，这才重新"家庭和睦"，皆大欢喜。

以方便生活为首要目的

先生之所以能在很短的时间里把自己收拾出一副职场精英的模样，主要还是归功于我们把家里归纳得有条有理，想要什么去拿取都极为方便，而且衣橱内的设计又充分考虑到了我们工作和生活所需。先生只要根据今天的工作行程，很快就能搭配出一套出门的装备，跟以前的纠结、拿不定主意不可同日而语。

当然，我们也不是从一开始就找到了归纳的窍门，家里曾经也乱得像个垃圾场，干净的衣服和脏衣服都混在一起，想找的东西永远找不到，出门几小时前就得四处乱翻……直到我认识了几个特别擅长归纳的朋友，比如前面说的那个把墙面利用到了极致的人。

我的另一个喜欢归纳的朋友说："归纳是为了什么？难道我闲着没事给自己

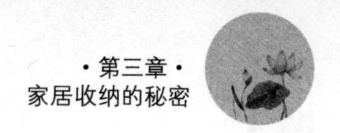

找活干吗？当然是为了让生活更舒心啊！"

我对此深以为然。对比原来家里乱成一团时的身心疲惫，再看看现在空间宽敞、室内明亮、想拿的东西随手可得，简单的"舒心"二字已经无法表达我此刻满足的心情。

其实最近几年国内很多人开始重视归纳整理房间，甚至有一个专门的职业也悄然兴起。很多人赋予了这件事特别高大上的意义，称归纳整理会成为一门专业的学科，将与建筑、美学、企业管理等跨界融合。对此，作为一名职业女性，同时也是一名受益于归纳整理的普通家庭成员，我想说：别把这件事情想得太复杂。撕开那些华丽的外衣，归纳整理也不过是为了方便生活，让自己在家里待得更舒心罢了，它并不一定高端时尚，但是它非常重要！

不管大家是希望对此进一步研究、拓宽思路，甚至想成为专业人士，还是像我一样想要改变自身生活的环境，我们不妨开动脑筋、动起手来。

那些温馨和美好的瞬间

大家是否经历过这样的瞬间？坐在沙发上，欣赏自己用心布置的客厅一角；在厨房有条不紊地烹饪，为亲爱的家人准备一桌美味佳肴；和家人围坐在一起，聊着天捧腹大笑……

家是这样温暖幸福，生活也是如此简单顺心。不过，生活也总喜欢给我们添点乱，制造一些"意外"——上次穿的那件宝蓝色连衣裙挂在哪里了？先生去年送的手镯怎么不见了？家里是进贼了吗，前两天才收拾完的房间怎么又变得这么乱？

这个时候，总有人会建议我们说，好好归纳整理一下吧。然而，新的问题

感受美，创造美

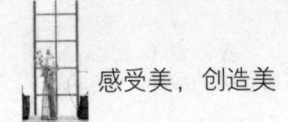

又接踵而至——"我应该从哪里下手呢？""会不会很难啊？""听说要扔很多东西，那我还能再尽情买吗？""费半天劲收拾好的房间，会不会很快被家里人弄乱呢？"于是，自己纠结于一堆问题而没有方向，整理的事情已经完全被抛在了脑后。

其实哪有那么复杂！我们只需要问自己一个问题：我想不想时刻经历上面那些温馨美好的瞬间？如果答案是肯定的，那就抛弃所有顾虑，从这一刻开始归纳整理家里的房间。

我年轻时非常邋遢，房间里永远一团乱，脚下随时会被东西绊倒，而且拒绝母亲帮我收拾屋子的好意——因为被她整理后的房间虽然整洁，但是所有东西我都不知去处，感觉生活更不方便了。这是因为母亲按照她的习惯归纳的摆放位置和顺序，并不一定适合我。想要一个称心如意的房间，最好还是自己动手整理。

明白了这个道理之后，我和先生亲手归纳整理自己的小家，把它打造成一个宁静的港湾，每天都经历一些温馨和美好的瞬间，我竟然从归纳整理中找到了幸福的真谛。

从一场聚会说起

让我最有成就感的时刻，是前段时间的一次大学同学聚会。由于专业关系，同学们有一半都在外地奔忙，真正参加的只有十几个人和一堆摆在桌子上的手机视频画面。酒酣菜热，大家的话题终于从中国电影行业现状转移到各自的家庭生活，巧的是好几个人的手机都此起彼伏地响起。

于是一个奇怪的现象出现了：男生接起电话一般都会强调自己在参加同学聚会，甚至会用摄像头晃一晃旁边的男同学为证；而女生几乎都会开口第一句话说

"……在……里呀"再以"你怎么什么都找不到"结尾。

我先生也十分应景地在这个时候打来了电话,不过他只是看到外面下了小雨,担心我没带伞,想确认一下我这边结束的时间,方便过来接我。我就在电话里随便聊了两句,问他晚上吃了什么,女儿是不是已经哄睡,得到肯定的答复后就挂了电话。

然后我就看到两边坐着的女同学向我投来了羡慕的目光,她们纷纷说"你爱人真能干呀"之类的话。这倒是真的,在体会归纳整理的乐趣之前,我们家从来都是兵荒马乱的。我们俩但凡有一个人下班后有应酬回不了家,另一个人都必然手忙脚乱、电话轰炸,我们当时甚至觉得自己要小孩太早了,因为我们自己的生活还过得一团乱,根本不能照顾好她。

于是我心有余悸地说:"好在我们家因为归纳解决了很多生活上的不便,现在甚至我女儿独自在家都饿不到自己了。归纳可真是人类最重要的一项发明呀!"

于是她们忙问我为什么这样说,我就把自己以前不懂归纳的辛酸生活和如今生活上事事顺心这一路走来的经历给她们讲了一遍,听得大家惊叹不已,就连饭桌上的其他人也都被吸引了过来,这是我在所有同学聚会里最受瞩目的一次,很是让我扬眉吐气了一把。我怎么会不爱归纳呢?

感受美，创造美

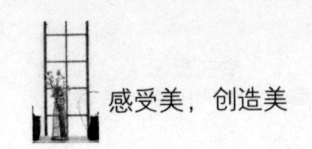

§ 从无章法的"收拾狂"到"整理大师"

归纳虽然只是小事，但我们可千万不要小瞧了它，因为这里面也是有学问的。我们家的归纳整理之路也不是走得一帆风顺，最开始的很长时间里，我和先生都热衷于收拾东西，但是这种收拾又没有什么章法可言。我们是看到什么都想归整一下，归整之后家里看似整洁了，但要用什么东西时却依然找不到——因为我们根本不记得自己把它们归整到哪里了。

"乱"收拾不如不收拾

我们知道自己的归纳是存在问题的，但当时并没有分析出问题在哪里，于是只能更加卖力地做归纳整理，这一度让来看外孙女的母亲把我们两人称为"收拾狂"。

我突然发现，我母亲就把家里收拾得很规整，东西多而不乱，她对所有物品的所在了如指掌。于是我向母亲请教，希望她能指点迷津。可是母亲虽然具有归纳整理的能力和技巧，却不知道如何向我传授。用她的话说就是"东西都放在顺手的地方""别让物品挡在路上碍事""乱收拾一气还不如不收拾呢"，她觉得这些都很简单，不明白为什么我做不好。

我觉得这可能就是人们常说的天赋吧。母亲属于天赋好的选手，对这些事情一点就透。而我属于需要后天努力的那一拨，得脚踏实地地去学习这项技能。

我和先生都意识到了乱收拾解决不了任何问题，于是他开始去查阅相关的书籍，想先获取一些理论基础；而我则开始频繁地拜访朋友、同事和邻居，想从他们家里的布局分析出归纳方法的蛛丝马迹，然后再回来进行不同的尝试。我们预感这将是一次突破——毕竟我们实现社会主义也是从理论到实践的过程嘛。

这的确是有用的。我们脱离了疯狂收拾的阶段，开始变得理性和讲究原则，我们一点点尝试，也一点点进步，直到有一天，我女儿像小大人一样长长地吁了一口气说："妈妈，我终于能顺利找到童话绘本啦。"于是我知道，我们家的归纳整理之路，已经走上了正轨。

这时我才发现老人的话真的都是有道理的，母亲说"乱收拾一气还不如不收拾呢"，说得可太对啦。我们胡乱收拾一气，既浪费了时间、精力，又没有解决任何问题，那可不就是在做无用功嘛。

找出这件事的"章法"

一件事的章法其实就是这件事的目的。我们在做事之前先问自己一句：我收拾房间是为什么？如果我是为了找东西时方便，那肯定是把常用的东西都放在随手可拿到的地方。如果我想多利用空间，那我就尽可能多想一些墙面的设计。如果我只是想要房间看起来不乱，那我就多打一些架子、多买一些收纳盒，把所有东西都"装"进去。

很多人在归纳之初还找不到章法，比如我先生的一个同学，他家也像我家一样，经历了"收拾狂"的阶段，小两口甚至比我们还疯狂，一边收拾一边把碍事的东西往外扔，结果经常不小心把常用的东西也扔掉了，还得重新购买。

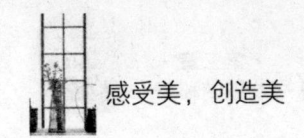

有一次，这个同学来我家里做客，中途接到他爱人的电话，说她有一张非常重要的设计图怎么也找不到了，问他看没看到。这个同学的脸色刷的一下子就变了，他昨天刚扔出去一堆没用的东西，里面就有几张图稿，因为是掉在地上的，他以为是废稿，扔得毫无压力。

这件事的后果还挺严重，因为那是同学爱人参加比赛的手绘设计图，在报名截止前她根本来不及再画出一张完整的画稿，最后不得不放弃了。这也让小两口大吵一架，几乎给婚姻带来危机。

他们的前车之鉴让我和先生心有余悸，我们火速定下一条原则：所有要扔的东西都要经过一家人的检验，再小的物品也不准擅自作主扔掉。

后来，当我们通过理论和实践慢慢找出归纳的章法时，第一时间就把同学一家请到家里，把自己的心得分享给他们，也让他们少走了一些弯路。小两口因此对我们感激不尽，他们可真是不想再吃乱收拾的苦了！

整理大师闪亮登场

其实如果要按归纳整理的技巧和质量来打分，我肯定要排在我先生后面的。他总能在这件事里找出一点逻辑规律，因此每每都能想出比我更新奇的点子，就算我再怎么偏心，也不能说自己比他整理得好。有时候我就会在家里调侃他，叫他大师，形容他的整理技能已经达到了大师的级别。

而我的先生对此表示笑纳，因为他值得这些赞誉。他在归纳整理房间这件事上所花费的时间远远多于我，每一个角落的设计上都有他的心血，我曾经看他对书房空间的利用上设计了至少三四个版本，一一分析它们的优劣利弊，再选出最适合的一个。由他亲手打造的儿童多宝格，让我们的女儿爱不释手，用了几年都不觉得腻。

　　要做到整理大师的级别也不是那么容易，我们的社会飞速发展，人们的经济条件也越来越好，大家开始信奉"消费享乐主义"，喜欢什么就去买，根本不考虑它的实用性，这就带来了一系列物品过剩问题，也给家庭带来了越来越多的"甜蜜负担"。这些物品有的确实比较实用，有的却只是价格昂贵或者稀有不易得，总之都是不能随便扔掉的物品，于是如何归纳整理这些物品就成了越来越多家庭的普遍困扰。

　　我们都不喜欢整日生活在一团混乱的房间里，那会让人的心情也跟着变得糟糕起来。我们可能也未必愿意请专业的收纳师上门，花钱是一方面，可能我们也不愿意自己的"领地"被别人随意"侵入"，而且别人整理得再好也不一定十分适合自己，也可能反而给我们的生活带来更大的不便。

　　再者说，当我们用心整理房间的时候，那是有一种乐趣和成就感在的，很多不常用的东西可能会勾起我们从前的回忆，这是一种别人无法体会和感同身受的情绪，弥足珍贵，不应该被错过。

感受美，创造美

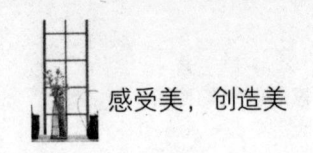

§ "归位"是为了更好的"使用"

很多人在最初接触归纳整理的时候会混淆一些事情，比如归纳好的东西再拿出来用的时候会有一种罪恶感，觉得这种使用会让归纳失去意义，因此导致自己在日常生活中变得束手束脚，做事时心里会嘀咕：我不用那样东西试试。结果当然是不行的。

正确理解"归位"的含义

我的女儿只有八岁，她还不能完全理解归纳整理房间的意义。所以在我们开始尝试最适合自己家的归纳方法时，她有一段时间表现得特别奇怪——她开始不爱玩玩具了，绘本也看得越来越少，有一天早晨她甚至跟我表示她可以继续穿昨天的衣服而不需要换一套新的。

我当时真是非常惊讶。因为我女儿本来是一个特别爱美爱干净的小姑娘，她平时恨不得一天换两套裙子。回忆她最近的表现，我和她爸爸都担心她是不是在学校遇到了什么事情。于是我和她进行了如下的一番对话：

"宝宝，你告诉妈妈，为什么不想换新衣服呀？那么喜欢昨天那套吗？"

"不是的。因为新衣服都好好收在衣橱里。"

"嗯？衣服不就应该放在衣橱里吗？"

第三章
家居收纳的秘密

"可是它们都很干净整齐。如果拿出来，就白整理了。"

我很快明白了小姑娘的想法，虽然很幼稚，但却意外的懂事，让人有点心疼。于是我告诉女儿，衣服穿脏了就需要洗，洗好就应该整齐地摆放在衣橱里，我和爸爸一直在做不同的尝试，是为了把这些衣物的摆放更方便拿用，并且节省空间，不是为了不使用它们。然后我发散了一下思维，问她最近都不玩玩具、不看绘本了，是不是也因为这个原因。小姑娘给了我肯定的答案，真是太乖了！我忍不住一把抱住女儿，对她说："宝宝真懂事！可是爸爸妈妈不需要你这方面的懂事，家里归纳整理可不能建立在降低你的生活质量上呀。你每天换上自己喜欢的裙子去上学、玩玩具、看绘本，都按照习惯和喜好来，只要记得把它们归位就已经很棒啦！因为这就是在帮家里归纳整理呀！"

于是我在女儿脸上看到了久违的笑容，美得像一朵花儿。

归位不等于位置固定

我们家曾经在归位问题上进入过误区，有一段时间我们把所有物品都放在固定的位置上，强迫自己不再调整。而事实是，在接下来的几天时间里，有一些物品没有放在顺手的地方，导致我们用起来并不方便。

但是我们当时固执地认为归纳好的物品就不要随便乱换位置，所以就按照不方便的来用，天真地认为用着用着就习惯了。实际上，不顺手就是不顺手，在无意义地为难了自己一段时间后，我们意识到不得不进行必要的调整了。

这件事情也给我们上了一课，那就是归纳好的物品不是不能再动的，它们的位置可以根据实际需要而不断进行调整。这就像我们在生活中、工作中和学习中遇到问题时一样，有时候"变通"才是事情的最优解，我们不要让自己做那个

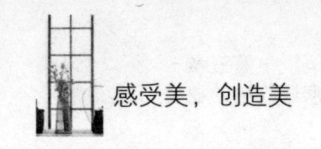

"死脑筋"的人。

后来我们也把这个教训告诉给那些来找我们取经的亲戚朋友,用分享自己黑历史的方式帮他们走一走"捷径",获得了大家的真心表扬。

当然,有的物品也可能一开始就放在了最适合的位置,那就没有必要为了调整而调整了。我们对家里物品摆放位置的调整过程其实就是一次次的试错过程,前提是要有错,如果没有就别给自己找麻烦了。

说到这里想起一个朋友因此闹出的笑话,他这人有点强迫症,为了让物品看起来更规整,就打了很多很多架子,架子太多摆不满,他觉得不对称,就把其他房间的物品也都摆过去,结果在书房看书时需要戴个眼镜也要去客厅拿,在卧室睡觉需要敷个面膜也要跑去客厅拿,他爱人跟我抱怨说:"睡个觉把腿都跑细了。"当然实际不会那么夸张,但这也从侧面说明归位也要科学合理的道理。

一切为了使用方便

其实所谓的收纳整理没有什么标准模式,全看各人各家生活所需。打个比方,如果我们住在北方,我们对房间进行的收纳可能首先要考虑的是防尘、防灰,因为北方大多数城市的风沙比较大。而如果我们是生活在南方,我们首先要考虑的则可能是防湿、防潮,因为南方大部分城市临海,台风天、梅雨天都多。

我有一个朋友,是个比较讲究品位的人,他家里的所有装饰摆设都追求美观和气质,所以当他决定也给家里做一些归纳整理的时候,就遇到了风格不匹配的问题——他买不到和他家里家具材质、颜色相同的收纳盒或置物架。

这一度差点让他打消了归纳的心思,他说:"我总不能为了归纳换家具吧。"我也懒得劝他,只把他请到家里做客,让他亲眼看看归纳整理给我的生活带来了多大的便利，为此我甚至加入了很多表演成分——明明不需要做的事，为了体现便利而硬去做。那天送这个朋友出门的时候，他说："我明白你的意思了，容我再想想。"

我当然不会建议他去换什么家具，现在的购买渠道这么多，材质、颜色算不上什么大问题，没有合适的，咱们还不能定做吗？

于是我特别热心地帮他四处寻找能定制小物件的店铺，心态有点像一部分先富起来的人，既有优越感，又希望帮亲戚朋友也迈向小康，帮忙帮得不遗余力。结果还真让我们找到了一家材料好、手艺棒的家具店，在不影响这位朋友家里整体品位的前提下，为其制作了一整套匹配度极高的置物架、收纳盒，让他在体会归纳乐趣的同时，生活质量和生活体验没有得到任何降低。

从那之后，我在他那里的地位就像坐了火箭，甚至可以跟他的人生导师比肩。

感受美，创造美

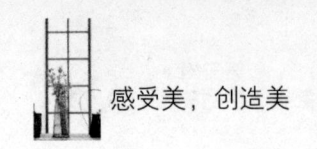

8 理好衣橱的秘密

家，不仅仅是存放物品的空间，更是抚慰我们心灵的港湾。而衣橱，则是衣服们的家。大家有没有过这样的经历：出门时东翻西找就是找不出一件能穿的衣服；因为家人弄乱了衣橱而想发脾气；永远感觉衣橱不够用；一直认为衣橱的设计不合理，却不知道用什么办法来改善；知道自己应该断舍离，却哪一件都舍不得扔……

整理衣橱就像一次美妙的心灵之旅

其实，不管是衣橱还是家里的空间，如果不用心维护就会变得糟糕。如果我们的家变得糟糕了，那生活还会好吗？同样的道理，如果衣服们的家被弄乱了，它们还会乖乖被我们找到吗？

不管我们怎么看待归纳整理这件事，都要知道它有一个永恒的目标，即让生活更便利，让自己更舒心！

不要以为归纳整理是一件累人的事情，其实我们完全可以让它看起来轻松愉快，甚至能让我们的心灵也变得愉悦起来。当我们把同样颜色的衣服摆放在一起，我们的手下渐渐就会出现一道彩虹；当我们把它们摆成一个个豆腐块，整个衣橱看起来就像一个巨大的九宫格；而当我们把它们卷成一个个小筒，远远看去又像一个万花筒。

我们每拿起一件衣服，抚摸它的纹理，就会想起买它们的那个夏日午后，那时可能我们刚结婚，还没有宝宝，我们有更多的闲暇时光，可以在商场逛一整天，我们转了无数间店铺，试了数不清的衣服，最后千挑万选，看中了这一件。买回来后，我们也有好好地穿它，搭配不同的饰品和精致的妆容。它也见证了我们的成长时光，对我们来说特别有意义。

衣橱里的每一件衣服都各不相同，也都有属于它们的独特记忆，它们可能来自远方朋友的馈赠，可能是拿到第一份工资后奖励自己的礼物，可能穿着它与先生第一次相遇。它们可能普普通通，也可能每一件都意义非凡。每次抚摸它们、整理它们，都能让我们想起一些往日的时光，这些记忆可能是美好的，也可能是平淡的，但肯定都是我们再也回不去的光阴，我们无法重来，却很想重温。

整理衣橱真是一件美妙的事情，它能让我们一边劳动一边放松，一边回忆过去一边畅想未来。我们整理的只是衣橱吗？不，我们整理的是岁月。

为什么我们的衣橱永远这么乱

在开始整理衣橱之前，我们先考虑几个问题：整理衣橱就是简单地叠衣服吗？我们衣橱里的衣服真的适合自己吗？整理衣橱之前需要做哪些准备工作？我们知道自己衣橱凌乱的真相吗？怎样维持衣橱清爽舒适的状态？

然后我们再一一解答这些问题。首先，会叠衣服不等于会整理衣橱。几年前，如果有人问我会不会整理衣橱，我一定毫不犹豫地回答"会"，可是当我真正会归纳整理之后，看着和以前判若两橱的衣橱，我不禁发出由衷的感叹：我以前真不会整理衣橱。

感受美，创造美

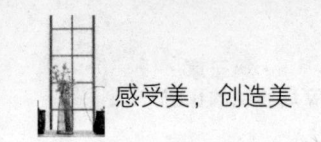

我是不会叠衣服吗？当然不是。我很小就会叠自己的小衣服了，因为我爷爷是抗日老兵，他的被子几十年如一日地叠成豆腐块，我小时候看到后特别羡慕，于是在叠东西上下了不少功夫。但是我因为会叠衣服就会整理衣橱了吗？并没有。我的衣橱里都是各种小豆腐块，但是它们胡乱塞在一起，看起来并不比散乱放着整齐。

于是我知道，如果我还觉得衣橱整理只是把衣服叠好，那么我对它的理解就只停留在叠衣服的层面上，这样我将永远找不到衣橱整理的精髓。这就是很多人叠了一辈子衣服却仍然做不好衣橱整理的原因，也是有些人从很多与整理收纳有关的书籍中学到了技能，却发现自己的衣橱还是不能像想象中那么理想和方便的原因。

是我姐姐的几句话，忽然让我醍醐灌顶，她说："你别只把它看成一个衣橱，你可以把它看作通向精致生活的阶梯。尽管你只是一个苦哈哈的打工人，但是你可以把自己的衣橱装扮成任何你想要的样子，打开它的一瞬间，你就是自己生活中的女王。"

姐姐很少给我煲这种心灵鸡汤，她一般都开启毒舌式的嘲讽，所以她的这番话得到了我空前的重视。对啊，不管在外面活成了什么卑微疲惫的模样，在家里我尽可以肆意，尽可以张扬！于是我突然对衣橱的布局有了很多设想，并迫不及待地行动起来。

不打无准备的仗

有人对整理衣橱不以为然，认为收叠晾晒衣服的时候顺手就能整理好。可事实是，有的人不管家里衣橱多大，空间永远不够用，衣服永远找不到；而有的人，家里衣橱特别小，却能容纳一家人的衣物，并且从来不会找不到当天出门想要穿的衣服。

当我们打开衣橱，衣服整理得一目了然，我们便不会因寻找衣服而浪费时间。这是因为我们知道自己需要怎样的衣橱，或者说，我们知道自己需要一种怎样的生活方式、一种怎样的人生。

有人会问：不就是整理衣橱吗？至于上升到人生层面吗？《道德经》里说"治大国若烹小鲜"，可见小事里能见到很多，衣着品位、布局水平、管理能力、生活习惯，一个小小的衣橱就像一张名片，是我们对自己另类的自我介绍。

在整理衣橱之前，我做了很多准备工作，首先是衣橱空间的分配，我家的衣橱是三门独立式，分成三个大格，我把左侧一格划给先生，中间和右侧统一归我和女儿所有。然后我又罗列了一张长长的表格清单，为我们的职业装、家居服、外出服等做了不同的规划，并根据预计规划定制了各种收纳盒，等所有准备都到位了，我才有条不紊地摆放衣物。这个时候的工作居然是最简单的，因为脑海里已经有了完整的布局图，剩下的按图索骥就可以了。

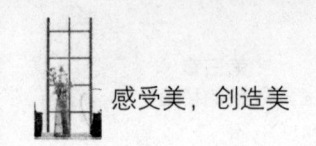

8 琐碎的卧室抽屉整理

前面说过，家里有很多隐藏的空间，各种抽屉就是隐藏空间之一。我们常形容有的人家里属于"干净的乱"，就是第一眼看似整洁清爽，但是随便打开一个抽屉就发现里面一团糟。每当需要找某样东西的时候，看到乱七八糟塞得满满的抽屉，顿时头都大了，最终想要找的东西可能还是找不到。

抽屉的分区整理

我家里的抽屉尤其多，卧室里就有好几个，床两侧的床头柜各有三个，床尾有两个大抽屉，角落梳妆台也有大大小小五个抽屉。这么多抽屉按说可以装很多物品，是绝佳的收纳空间，但是以前我们只是把它们塞满，依然处于什么都找不到的窘境。

于是命中注定的那个周末的午后，我撸起袖子说："咱们去攻下卧室抽屉吧，我昨天找睫毛膏找了半小时。"

先生点点头："我早上找指甲刀也没找到。"

我们一拍即合。

顺便说一下，那个周末我女儿被她姥姥接走了——倒不是我和她爸爸想过二人世界，实在是这个小姑娘非常受欢迎，一到周末奶奶和姥姥两家就会抢着把她接走，基本没我和先生什么事。

我们的整理过程如下：

第一步，把所有东西都拿出来。我们掏空了所有抽屉，一件也不留。第二步，在卧室地板上把它们分门别类。第三步，进行断舍离，丢掉那些不会再用或不喜欢的东西。

其实我和先生都不是特别喜欢清理东西，因为我们两个都是比较感性的人，在清理的过程中总有些物品会让我们经历一连串的情绪起伏，可是我们也知道丢掉某些东西是我们人生中不可逃避的必经之路，这和去健身房或者吃蔬菜一样，都是为了我们好。清理是让房间整洁规范的基础，如果跳过这个部分，我们就是在给自己找麻烦。经过清理，我们才能给自己要用的、喜欢的东西腾出空间，那些一直堆在家里、破坏家中完美秩序的东西，还是赶紧丢掉的好。

第四步，也是比较关键的一步，我们把每个抽屉都做了分区处理。拿梳妆台的某一个抽屉来说，虽然都是化妆品，我还是用不同颜色的塑料盒把它们分别摆放。白色盒子里的是早晚霜，黄色盒子里的是眼霜和精华液，粉色盒子里的是彩妆，蓝色盒子里的是口红，至于瓶子比较大的化妆水和乳液瓶子，则放在梳妆台的顶端。这样一摆放，就再也不会出现我想找一只口红需要翻遍整个抽屉的情况了。

一切从实际出发

我们要牢记收纳整理的初衷是什么，方便肯定是第一位的。所以我们在整理的时候也应该围绕着这个原则展开。比如最常用的东西肯定不能放在梳妆台或者床尾的大抽屉里，因为那样需要我们在床上爬动甚至下床才能完成。常用的物品

一定是放在床头柜里的,而按照习惯,我们躺在床上拿东西,一定是从上向下地去找。

所以靠近自己那侧床头柜的第一个抽屉里,分别放着我们两人各自常用的物品,我这边还有两样女儿的东西,因为小姑娘偶尔会撒娇来我们房间睡。我的第一个抽屉里的物品分别是:女儿的头绳、女儿的小布偶、指甲刀、文具袋、药品分装小盒、耳机、充电器和线、驱蚊水、小镜子、眼药水,而这些东西也都分别装在不同颜色的塑料盒里。

那么,卧室里的抽屉还能装什么?这个也要因人而异,还是一切从实际出发。来看看我家床尾的大抽屉里面都装了什么吧。其中一个里面是各种与医疗有关的物品,我们的医保卡、病例本、处方单、收据、拍的片子、各种常用药,而另一个抽屉里面有一个简易针线盒及一家人的各种证书、证件。

说到这有一个经验分享给大家,由于刚开始没有考虑周全,我们测量的抽屉尺寸是外围数值,忘记减掉四面的框,导致买回来的收纳盒不能全部放进去。因此购买收纳盒时一定要测量准确。

只是卧室抽屉的整理就花了我和先生一整天的时间,我们虽累却也很有成就感,而且在之后的时间里,全家人都受益于这次整理,找起东西方便又快捷。小女儿更是对抽屉里的各种小盒子爱不释手,嚷嚷着下次不许趁她不在家时"干大事",直到得到我的再三保证才罢休。

拼出"琐碎"的风景

抽屉里的物品虽然琐碎,但也不是毫无规律可言。可以根据使用频率来分类,也可以根据是否需要充电来分类,还可以根据是否可能洒漏来分类。

通过对卧室抽屉的整理，我发现那种不同颜色不同大小的塑料盒真的非常有用，装有液体的瓶子可以倒放在里面，即使易洒漏也弄不脏抽屉本身，清洁起来极其方便。尽管是有颜色的，但丝毫不影响盒子的透明性，里面的东西一目了然。像前面说的，我们最初因为没考虑到抽屉四周的框架，导致原本买的盒子不能都放进去，空出了一个比较小的空间。后来我又在订下一批收纳盒时把这个尺寸加了进去，新定制了一个小盒子，塞在那个空间里，用来装绑头发的小皮筋正好。

后来有一次我去姐姐家，发现她家的抽屉也没比我家原来的好多少，我一向鲜少有胜过姐姐的地方，立即充满了优越感，强作镇定地给她提出一些整理卧室抽屉的建议，并请她一定看看我手机里几百张各种抽屉的照片。姐姐看完后若有所思，说她考虑考虑。一周后，她又邀请我们去她家做客，"不经意"地给我看她新买的香水，于是我看到了她抽屉里比我家奢华许多的水晶收纳盒，以及抽屉外各种可爱的贴纸，贴纸上是抽屉里物品的图画，比如某个抽屉里都是香水和口红，那个抽屉外面就贴了两张香水和口红的卡通贴纸，这是防止主人记不住所有抽屉里都有什么物品，而在外面做的提示，连拉开抽屉查看的时间都不浪费。

§ 文件和杂物的收纳

家虽然是居住的地方，但是家里也难免会放置一些工作物品，比如一台用于工作的电脑，很多工作文件。我们都希望尽量不把工作带回家，但想要给两者建立完全的壁垒也不是一件容易的事情，所以需要在家里为与工作相关的物品留出一定的摆放空间。

释放书柜的空间

我发现身边的很多朋友都和我一样，会在家里摆一个不小的书柜。我家书房本来有一个内嵌式的半面墙书柜，后来书房改造成榻榻米风格，书柜的使用空间缩小了三分之一，家里的好多书一下子没了去处，于是我们又在客厅定制了一整面墙的书柜。

这里有一个经验分享给大家，因为担心书籍容易落灰，这个新书柜是带玻璃门的那种，等到真正使用时我们才发现，书柜门真是一个鸡肋一样的存在。由于找书比较频繁，这些柜门大部分时间是敞开的，并不能阻挡落灰，而且柜门是那种外拉式的，打开又特别碍事。

开始的时候我和先生会把从单位带回来的文件放在书桌上，但是一来显得桌上杂乱，二来极易把我们的东西弄混。后来我们就分别找了书柜的某一格摆放各自的文件，但是它们又和其他格的书籍显得那么格格不入，破坏了整体的美观。

后来我去一位老编剧家做客，有幸参观了他的书房，看到他把自己的很多手稿放在一种抽屉式的小柜子里，再把小柜子摆放在整面墙的书柜里，这样一来就完全不会破坏书柜的统一性，又有一点别致的美感。我深受启发，忙问了老先生购买小柜子的店铺名——我已经和我所有亲戚、朋友、同事、邻居都请教或探讨过与收纳整理有关的事情，现在就连不太熟的老前辈也不能"幸免"。

很快我家书柜就出现了同款小柜子，其中两个小抽屉分别装我和先生的文件，空出来的那个则作为备用。而原本占用的两个书柜格，也解放出一个用来装书。

这件事告诉我们一个有点神奇的道理，有时候我们明明多放置了一个物件，但是反而节省出来一些空间。或许这就是收纳整理带给人的乐趣所在吧。

书房里的隐秘角落

我家的书房面积其实并不大，原来的设计是嵌入式书柜占半面墙，另半面则是一套电脑桌椅。后来我们把书房改成了那种榻榻米式的，把电脑桌椅都撤了出去，中间是下嵌式茶桌，四周打成储物格，从客厅进书房加了两级台阶，榻榻米下的储物格就打得很深。

我们在这个储物格里放置一些不怎么常用的东西，比如先生收藏的各式茶壶、姐姐送的各种茶饼、我们去世界各地旅游时收集的无数个冰箱贴、亲戚朋友送的千奇百怪的纪念品。这些东西一年到头也用不到几次，正好放在很少打开的榻榻米储物格里，以便节省更多的"地面"空间。

如果家里书房面积很大，像我的一个网络作家朋友，她家的书房里有整整三

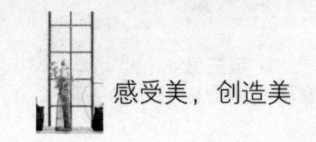

面的书柜墙，而且由于是顶楼，书房的挑高将近六米，还专门定制了可以滑动的扶梯，以方便拿放上面几层格子里的书。她家的书房中间放着一个特别大的写字台，不远处还放着茶几，可供至少七八个人互不打扰地看书或工作。

可能是房子太大了，我就感觉有很多空间她都没有好好地利用。比如写字台下面，明明可以打造至少两个储物柜，用来摆看书或工作时会用到的物品。比如茶几下也可以打几个抽屉，摆放一点零散杂物，空间再大也不应该浪费。

而我的另一个朋友，他家没有专门的书房，只是把客厅独立出来一块地方，拉了半截水晶帘子，间隔出来一个书房，他在放电脑桌的那面墙上打了两层木架，满满摆放着很多书，而电脑下面垫了一个一体抽屉式的小盒子，里面用来放他从公司带回的各种文件。

其实无论书房大小，总可以开辟出一个独立的空间来单独放置与工作有关的文件，一来找起来方便，二来不容易和其他物品混淆，三来不会被错误处置。书房里的这些隐秘角落也需要我们用心去发掘。

"可能有用"的杂物

不知道大家有没有发现，每个人的家里都有一些"可能有用"的杂物，这些物品平时用不到，我们也一般想不起它们，可是等到真需要的时候，又特别急迫，而且这些东西也不可替代。比如工具箱，可能我们一两年都用不到它，但万一需要钉个钉子、用下扳手的时候又没它不行。比如皮搋子，平时看到它我们可能都觉得碍事，但是一旦马桶堵了，就显出它的重要性了。

这样"可能有用"的杂物我们家里有很多，如果是住在小时候那种带阁楼的房子里，我们大可以把它们都放在阁楼里，需要时去找一找，总能找到。可是现在居住的条件不允许，于是就需要给它们安置好的去处。像皮搋子是肯定放在卫生间里方便一些，最好就放在马桶后，拿用方便，又不碍眼。我家是在马桶水箱的墙上挂了一个放它的小隔板，这样每次拖地的时候就不用把它拿来拿去了。

而我们家的工具箱，则放在厨房的某一个抽屉里，里面琳琅满目摆着各种专业工具，实际上它们中的大多数平均使用频率都低于一年一次。

如果大家不想把这些不常用的杂物分散着放，我这里还有一个建议，其实这也是我一个亲戚家的做法。她把所有不常用的杂物都放在阳台专门打制的储物柜里，里面也是一格格的空间，东西放在里面井然有序，虽是"杂物"却并不杂乱。

顺便说一句，自从我们家开始热衷于各种归纳整理以来，家里每有一处调整，我先生都必宣扬得人尽皆知，导致我们人际交往圈里的所有人都对我家的布局了如指掌，也一度带动起了大家争相效仿的热情。比如前面说的这个亲戚，她家阳台本来是没有储物柜的，是看了我家的各种柜子、架子、收纳盒之后才起了打制的心思。

§ 为了靠近自由，可以极简的六大件

有一天，我和先生闲来无事，突发奇想，认为可以把家里一些大件物品做极简处理。我们还是先列出各种大件物品清单，标明它们的用途，大概估算出它们的使用频率，再分析出哪些物品可以做极简处理。

最先断舍离的"三机""一箱"

这一次的行动真的有点"大刀阔斧"的意思，因为我们最先决定对四个大件物品进行断舍离。

这四件物品分别是电视机、挂烫机、烤箱和洗碗机，其中有两件都是厨房用品，可以想见，断舍离之后的厨房将多出很大的空间。

先说说为什么直接出重拳舍弃这几件物品。第一个是电视机。我和我的先生都不太喜欢看电视，女儿因为上了小学也没有太多可以看电视的时间，何况少儿频道基本没有什么她喜欢看的节目，通常都是我在平板上找动画片给她看。所以这个电视机一年到头都不一定能打开一次，仅有一天全家人可能都想看春节晚会，我们也不是在奶奶家就是在姥姥家，没有在自己家看的机会。

第二个是挂烫机。它其实是一个特别方便的物件，我和先生的职业装，通常出门前一分钟就能搞定。但是它太占地方了，又高又不规则，几乎等同于半个梳妆台。而且最主要的，我还有一个手持式的小熨斗，虽然不如它好用，但是熨烫衣服是没问题的。

第三个是烤箱。在我家里，它的使用频率远远不如微波炉，而且我和先生都不擅长烘培，还得靠我母亲或姐姐来时能给我们烤个披萨、小饼干之类的。这样一想，微波炉和烤箱其实有一个就足够了。

第四个是洗碗机。这个我真想吐槽一下。这是一个朋友送给我们的结婚礼物，房子装修的时候就打进了橱柜里，但是它真的不实用！我们结婚也有十年了，可是使用次数还凑不够十次。因为我们家平时吃饭用不到几件餐具，真不值得开一次机子，也就是家里亲戚来聚会时还能用到，但是不管孩子奶奶还是姥姥都不喜欢用机器洗碗，从来不用。

确定断舍离的物件之后就容易了，先把四个物品拍了照片发个朋友圈，将家里的闲置物品，规格、购买时间一一标明，如有需要可上门自提，没人要的就放到闲置平台以极低价格出手。一周之内全部搞定，四个空间轻轻松松地多了出来，房间里的物品少了，就连空气都显得更纯粹了。

客厅沙发的"瘦身"之旅

接下来我又把目光望向了客厅的沙发。我家的沙发是 3+2 的组套，就是一个三人长条沙发外加两个单人沙发。沙发我先生基本不坐，我女儿喜欢坐在沙发前面的地毯上，只有我有时会躺在长条沙发上刷刷手机。这么一想，两个单人沙发已经很久没人坐了。于是我们两人一合计，果断决定把两个单人沙发处理掉，只保留长条沙发。

其实我曾经在某次朋友聚会上发起过一次关于极简家居布置的话题，当时我

还没有进行大件物品处置的打算,只是在热衷于归纳整理的过程中,发现家里其实有很多物品是可以舍弃掉的,极简也不是什么"极端"或"另类"的代名词,而是一种简约、干练的生活方式。

当时的饭桌上其实有三种观点,一类是我这种刚接触"极简"这个词的门外汉,只是对它产生了一些兴趣,有一点似是而非的想法。第二类是推崇极简主义的人,他们认为极简是"适用于所有人的美好生活法则"。他们说,创造一个极简之家,并不等于我们必须牺牲自己心爱的设计风格才能实现,也不是非要崇尚什么"零设计"或是"节俭生活风"。他们说极简主义不是把某些东西从我们身边拿走,而是把某些东西交还给我们。他们对极简主义的定义是:有意识地提升我们最珍视的事物的地位,把其余一切令我们分心的事物清理掉。

第三类是极其排斥极简主义的一些人,他们觉得我们努力工作是为了追求更好的生活,而极简主义则代表苦行僧一样的生活方式。有的人认为极简等于便宜,会让家里看起来毫无品位,也会让他们在朋友面前没有面子。

我当然没有支持任何一种观点,因为对于极简这件事我还只是管中窥豹,看到的甚至不够冰山一角,也远远谈不上什么体会,可能还需要更多的接触和实践吧。

餐桌的迭代更新

最后一样有幸登上极简榜单的是家里的餐桌。我家的餐桌其实已经迭代更新了好几回,从最开始可供我娘家婆家一起聚餐的大长条餐桌,换成了氛围感更浓一些的大圆餐桌,再到现在正方形的四至八人餐桌,所占的空间确实越来越小,但是因为摆在去书房的路上,看起来还是碍事。

这一次我是从某本网络小说中获得的灵感，那个作者应该是一位极其懂得享受生活的人。她的书里关于家居摆设的描写细致到让人脑海中出现画面感，我看到那段关于餐桌的文字，脑海里立即比对了我家的餐桌后亲手画了一个设计图，尽管图比较抽象，但是我的解释很到位，我的先生表示想法很好，并让我大胆去做。

然后就有了我家第四代餐桌的诞生，它整体还是一个正方形，最多可以同时坐八个人用餐，但是中间又有两处折叠设计，不用餐时可以把大部分桌面放下来，只留中间一个细长条，把它靠在墙边，上面再摆个花瓶，既美观又不占空间，简直完美。

不过，后来这个小细长条的桌子被我女儿看中，于是花瓶换成了她的新宠芭比手办，一溜十几个摆在上面，别说还真挺好看。

收纳工具越少，极简越到位

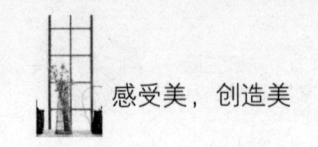

有时候一件事做多了很容易迷失自我，我热衷于归纳整理一段时间之后，发现那时家里最大一笔支出居然是各种收纳架、收纳盒的定制和购买——我们把家里的其他物品精简了，但是却不小心开始囤积起收纳工具来。

量体裁衣不求有余

当我开始在二手平台上出售收纳工具时，突然意识到自己好像离极简越来越近了。多余的物品可以被"极简"，多余的收纳工具当然也能"极简"。

我开始独立思考什么是极简，而不是听各种不同的声音。到底什么是极简呢？极简生活要求我们所拥有的物品不能超过五十件或一百件吗？是指不能购买奢侈品，必须过一种苦行僧的生活吗？是指不能因为打折购买物品吗？当我们去超市购物时，买一盒鸡蛋是原价，买两盒打七折，如果我们因为贪图折扣而买两盒，就不是极简了吗？

我在一次亲戚聚会时提出过这个问题。大姨家的表哥说："极简就是认认真真地使用完现有的物品。"二姑家的堂妹说："极简就是用最少的物品，过最舒心的生活吧！"三叔家的堂弟说："我觉得极简是一种把时间和精力都用在对自己重要的人和事上，其他都无所谓的心态。"姐姐说："极简是专注于自己的目标，排除那些不重要的人和事。"我先生说:"专注体验而非物质,追求质量而非数量,物尽其用,这就是极简。"

我想,极简是一种工具,通过这种工具,我们可以剔除生活中不必要的事情、物件,从而发现对自己真正重要的东西,并把时间、精力、金钱投入到对我们真正重要的东西上。它没有大家想象的那么复杂,它只是一种工具,每个人真正想要的事物都是不一样的,所以通过极简过滤后,大家的理想生活也是不一样的。

既然是工具,那就以实用为主,而不必多多益善。就像我家的工具箱,里面有最常用的螺丝刀,按大小规格不同准备了三个;还有扳手和锤子、一卷胶带、几颗钉子,日常使用也就足够了。我家楼下的邻居最夸张,家里备了一个巨大的工具箱,里面螺丝刀都有十几把,钉子也有好几盒,我以为他家里肯定有动手能力特别强的人,谁知那天和女主人聊起,她说东西都是她爱人买的,可是他"敲颗钉子都能砸到自己的手""工具箱就是个摆设"。

我觉得我似乎能给极简下个定义了。极简就像我们去做手工衣服,设计师需要把我们从头量到脚,按照实际尺寸裁剪,最终才能做出适合我们的衣服,无论我们买多少布料,一件衣服就用那些布,多余的只能扔掉。

追求少而精的极简

我们生活的世界既热烈又喧嚣,走出家门,我们会陷在如山如海的信息中,电梯里、地铁上、商场中、手机里,我们能看到扑面而来的各种广告,我们知道同龄人能月入十万元,大家都在背什么名牌包、开什么豪车……这些信息让我们也跟着"上头",仿佛自己不去买点奢侈品就会被时代抛弃。

可是在狂热的消费文化影响下，步履不停的节奏下，我们是否还分得清哪些是我们真正想要的东西，哪些是别人想要我们拥有的东西？我们买的东西到底是在满足自己，还是在成全别人的梦想？现在的我们还快乐吗？除了"买买买"和拆快递，还有什么事物能够给我们带来快乐？

在狂热的大环境中，极简生活仿若一股清流、一个能唤醒我们的工具，让我们剔除不需要的物品，发现并专注于真正重要的事物。

通过极简生活，我们可以分清"想要"和"需要"的区别，并真正为自己而购置，我们会知道哪些地方需要高品质，哪些地方不必讲究，由自己来决定把时间和金钱花在哪里。

多是一种热闹，少又何尝不是一种平静的爆发？当我们置身于简单却宽敞的房间里，细细阅读一本书，间或抬起头时，看着越发精致的陈设，放空、想象，生活就像流水，缓慢流淌，而我们知道自己真正想要的是什么，这是何其幸运！

让工具仅仅只当工具

收纳工具再好看——像我买的各种不同颜色的收纳盒，再贵重——像我姐姐梳妆台里的水晶盒子，它也只是一个工具，它不能喧宾夺主，更不能鹊巢鸠占。我们不能为了节省空间而开始进行收纳，结果却让收纳工具占据了更多的空间，这是本末倒置，也是得不偿失。

每个工作日的早晨，闹钟要被按掉五六次，才能够把疲倦的我从床上扯起来。我匆忙地洗漱，路上买了两个包子，一边赶地铁，一边吃早饭，甚至没能尝出包子的味道，就已经卡着点到单位了，然后开始了疲惫的一天。就这样周而复始，一天又一天，我被生活推着跟跄前行，几乎没有个人生活，更别提享受生活了。

　　上面这段是我刚参加工作时的真实写照。我想一定有很多人和我一样，每天像个机器一样为生活而奔波，努力工作、盼望升职、期待发薪日，每个月还有不只一个还款日，身心被掏空的我们承受着巨大的压力。

　　我姐姐曾经告诉过我一句话：但凡压抑，必会反弹。对于这句话，我深信不疑，所有压抑的食欲、物欲、情绪都会等到某一天集中爆发，且能量惊人。所以，我们要释放压力，否则有一天承受不了，势必崩溃。

　　很多人发泄压力的方式是购物，尤其是女性，比如我。现在购物太方便了，甚至不用带钱包，身上不需要有现金，想买什么刷一下手机或者脸，付款如此轻而易举。这就是我家里物品泛滥的原因。

　　而收纳工具，正是为了解决这些泛滥的物品，它们本身并不是我的喜爱和收藏。所以何不让有用的归纳整齐，让多余的另有去处，让工具就只发挥出它作为工具的最大价值呢！

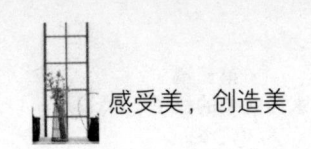

§断舍离是处理过去的烂摊子

我记得很多年前就有人在说舍得，舍得是一种为人处世的哲学。如果我们真正地把握好了舍与得的度，便相当于把握好了人生的机遇。其实断舍离何尝不是一种舍得呢？别看这三个字断、舍、离，好像代表的都是舍弃，实则不然，在断舍离的同时，我们也收获、保留了更珍贵的东西。

所有人都应该去做

其实我认为所有人都应该试着去断舍离。

我们生活在飞速发展的时代，必须全力奔跑才能不落后于人，那是轻装上阵好呢，还是负重前行好？我想大多数人都会选择前者吧。我们的家其实就像我们的装备、我们的铠甲，它如果沉重，我们负重就多；它如果精简，我们负重就少。这样一想，还觉得断舍离是没意义的吗？

我们家里都有很多物品，有的东西买回来就发觉不喜欢或不合适，因为也是真金白银买回来的，恐怕没几个人会果断地丢弃它们。有的东西则是经过了若干年的使用，功能还在，但是效果已经大打折扣，属于弃之有点舍不得的那种。有的则因为物品的迭代更新，家里这款已经过时。这些物品有的确实还有使用价值，有的其实已经没有留下来的必要。我们完全可以把它们作为自己断舍离的第一步。

　　断舍离不是倒垃圾，能让我们一眼看出是废物的东西不需要断舍离，直接丢掉就行。断舍离也不是卖废品，我们要考虑的只有纸壳和塑料瓶哪个更值钱的问题。断舍离是我们为自己收拾过去烂摊子的过程，这些烂摊子可能是我们的一时冲动，也可能是某次攀比，或者被迫装的一次大方，我相信这种烂摊子我们每个人都有过，以后也不能保证不会再有，所以我觉得断舍离是一个始终存在的过程，它不可能成为一种最终的状态，只能说无限接近。

　　那为什么有人不想断舍离，为什么不愿意去做？这是我们自己的烂摊子，难道还指望别人替我们收拾吗？那也太过分了吧。我们收拾自己的烂摊子，仿佛是在跟过去不完美的自己进行一次告别，我们会说：看我又成熟了一些，看我又学到了一些。我在进步，我在成长。

"主动"与"被动"的区别

　　人们做任何事情都有主动与被动的区分，主动就是我和先生某天经过客厅，不约而同地指着那组沙发说："看着有点碍事，好像用不到那么多。"然后它就成为了被我们极简的六大件之一，由一个3+2一组的沙发变成了单独的长条沙发。我们主动发现了多余物品，又主动想办法处置了这样物品，这就是主动的断舍离。

　　至于被动的，我一个亲戚可以做例子，我三叔家的堂弟从小就是个吃货，结婚后因为爱人工作忙总不在家，在没人管束的情况下他一发不可收拾，不仅买了一堆各种功能的锅具，一日三餐变着花样给自己做好吃的，还在家里囤积了无数的零食，无论在他家打开哪个柜子，都能从里面滚落一地的薯条、饼干、棉花

感受美，创造美

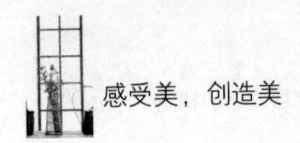

糖，他也把自己吃成了一个快两百斤的胖子。为此他爱人找我姐姐诉苦说，真怕他年纪轻轻就得糖尿病。

我们几个亲戚一合计，找了个周末，也没跟他打招呼，直接杀到他家里，以"打砸抢"的气势给他实行了"三光政策"，收缴了他所有的零食，还"逼"着他在二十几个功能重复的锅具里挑出七八个保留，其余的则替他挂到了二手网站上。

这次的行动犹如一剂猛药，确实也有些效果，听说他现在不怎么吃零食了，体重也有明显下降。对于我的这个堂弟来说，这就是一次被动的断舍离，他虽然也丢掉了一些多余的物品，等于也给家里进行了一次归纳整理，但是由于他自己主观上不是积极和主动的，所以他能从这件事上收获的就远远不如主动断舍离的人。

我们每个人都是独特的个体，我们并不相同，也不需要我们相同，我们对事物都有不同的看法，但是我们判断是非的能力不应该有差异。我们都讨厌那些垃圾信息，我们也都讨厌那些不断塞到我们手里的小广告。我们知道它们无用且累赘，应该被丢弃。但是我的做法是删除垃圾信息并把发信息的号码拉入黑名单，不接小广告。而我的堂弟则不理会那些垃圾信息任由它们占用手机内存，对小广告来者不拒直到拿不下再一起丢到垃圾筒里。

这就是主动与被动的区别，这是一种态度。

由"奢"入简难

当我们排斥断舍离的时候，真的是我们不喜欢简单的生活吗？其实也未必。只不过夏天衣橱里挂满五颜六色的衣裙，可以每天不重样美美地穿出门，会让我们产生一种满足感。用烤箱加热过的饼子酥脆，而用微波炉加热的就有点干，如果我们同时拥有两样烤具，就能挑选最好的口感。我们当然也吃过又凉又硬的饼子，但是当我们有两个烤具时，再让我们去吃凉硬的饼子，这件事就变得不可忍受。

这就是所谓的由奢入简难。我们没有强求自己没有的东西，我们只是在已有的情况下享受一点生活品质。

可是我们又要问自己，奢就是好吗？或者说，简就没有生活品质吗？这其实真是一个见仁见智的问题。我的一个朋友家里是法国黑白冷硬风格，装修摆设都极其简单；而我的另一个朋友家就是泰国皇宫，很有点金碧辉煌的味道，但他也没有在家里摆一堆没什么用的花哨物品，也是以实用为主，只是另一种极简罢了。

由奢入简的确不容易，我们只要掌握一个原则：多余的东西，它既占地方，又浪费我们的时间精力去打理，它难道不该被舍弃吗？

第四章
为服饰搭一搭配一配

世界上的每一个人都如同一朵花,千姿百态、万紫千红,没有哪一朵是一样的,也不需要我们一样。同一件衣服,穿在不同的人身上,呈现出来的效果也各有千秋。每一种服饰都有属于它的语言,每一种搭配都有它要表达的情感。我们要和它们如亲人般相处,认识它、感受它、拥抱它。

感受美，创造美

§ 风格各不相同，学会欣赏自己

我非常喜欢一个朋友对"欣赏"一词的理解，她说："欣赏就是趋光向阳，是我们无比喜欢，努力达到的一种境界。比如我欣赏你，我未必想成为你，但我想与你比肩同行。但是我们都很美好，我们同样值得被欣赏。"

享受美好事物

我们总是渴望得到他人的欣赏，以此来证明自己的优秀，却往往忘记自己才是最应该欣赏自己的那个人。

而我想表达的"欣赏"，并不因为自己容颜美丽、身姿曼妙，因为我的欣赏不只用眼，更要用心来"读"和"品"，吾日三省吾身，我会坦率地认识自己，包容地接受自己，诚恳地表达自己，温柔地对待自己。

有一天，我陪朋友去见她的一个老同学，我们在咖啡馆见面，她提前到了，笑容满面地起身迎了我们两步，聊天的时候，她的话并不多，但是会顾及到不相熟的我的感受，每每把我拉到话题中，她的言语和举手投足间流露出的得体修养和灿烂微笑，是我在那个冬日早晨对她最深刻的印象。

后来她由于工作关系也定居到这个城市，我们慢慢熟悉起来，她对我说自己一直都很自卑，觉得自己外形不好看，只要有人提及她的形象，哪怕只是开玩笑，她也会忐忑不安，并为此难过好几天。

我听后第一感觉是震惊，因为她给我的印象完全不是这样的，她身材高挑、五官端正，笑容特别温柔，一举一动都显示出很好的教养……这一切都让我印象很好并喜欢这个人。美，难道不是让人一眼记住，并在日后想起的时候嘴角不自觉上扬吗？可是她好像完全看不到自己的好，反而一味地把小小的不足进行无限扩大。

我们都不完美，但是我们每个人都是美好的存在，我们都懂得欣赏美好的事物，那么为什么不享受自身的美好呢？

后来我和这个朋友的老同学也成为了好朋友，和她在一起时我从来不吝啬自己的赞美之词，从她的形象气质到穿衣搭配，再到涵养素质，只要是我认为她好的地方我都明明白白地告诉她，慢慢地，她再也没说过自己感觉自卑的话，整个人都像在发光。

用包容的心态欣赏自己

这个世界上没有一个人是完美的，我国古代四大美女各有缺陷，"绝代佳人"奥黛丽·赫本的脸有点方，那么优秀的人都有不足之处，何况我们呢？

我听说形象塑造的第一步，也是最重要的一步，就是要接纳自己，然后把关注点集中在形象优点上，去欣赏它们。我承认自己不完美，但我也深知自己是美丽的。我身上值得欣赏的地方有很多，我每天在镜子里看到自己，都会更喜欢自己一些。

但是我肯定也有不足，我个子不高，还不到1米6，我先生抬起胳膊，我就可以从他胳膊底下从容经过。我的眉毛很粗，特别像男人的眉毛，我年轻时一直

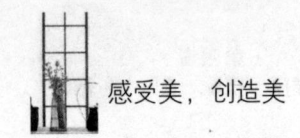

热衷于把它们修得又细又弯。我的手指不长，无法弹好钢琴之类的乐器。但是那又怎么样呢？矮小的我不是一样能发光，在快乐地过着自己的人生？

我们应该对自己好一点，我们都能善良地宽恕别人，为什么不能对自己更包容一些呢？个子高挑时我们可以穿着风衣飘逸地行走，身材娇小时我们也一样穿着白衬衫七分裤穿梭在人群中。这个世界如果都是同一种风格的人，那将是多么无趣和悲哀的一件事，我们不正应该各不相同、独一无二嘛！

我那个皮肤偏黑的朋友，从来都元气满满、脚步如风，她只有在和别人调侃时才会说："拜托，我只是黑，可我也需要防晒呀！防晒霜不是让人美白的，它是防止衰老的！"

我们在欣赏自己的同时欣赏别人，是要用他人和自己做对比，花时间好好审视自己，而不是用别人的形象去做参照物，把自己弄成他人的模仿者。欣赏也不是自恋，自恋是过分自满的一种表现，而欣赏则是带着客观的判断和情感去发现美好的事物。

自信地踏进每个清晨

怎样才叫美？我自己美不美？这是我十五岁时悄悄问镜子里的自己的话。可是我的女儿五岁时就敢问所有她认识或不认识的人："我好看吧？"从这里我们可以看到，不同时代的女性对美是有不同阐释的，对自己的欣赏也有轻重之分。

世界上不会有一模一样的两片树叶，也不会有完全相同的两个人。我年轻时羡慕别人腿细脖子长，总是跟朋友说"我要是再高十厘米就好了""有什么办法能让脖子再长点儿啊，我好想穿那件旗袍"之类的话，后来我知道这都是不可能的事，才终于开始正视自己，并发现了自己身上很多的优点。

美不是竞争，更不是炫耀。当我们说一个女人拥有美时，她拥有的是一份发自内心的底气，这份底气源自对自己的认知、对事物的取舍、对场合的尊重和对自己那份精致的爱。十五岁时那个内向的我虽然问出了那句话，但实际上还没有发现自己的美；五岁的女儿虽然稚嫩懵懂，却已经懂得欣赏自己，在这一点上我是不如她的。

我身边的亲戚朋友中有各个年龄段的女性，青春洋溢的二十岁很美，花开正艳的三十岁很美，经过岁月磨砺后充满智慧的四十岁很美，包容淡然的五十岁很美，当然，天真活泼的八岁更美……我们应该选择适合自己年纪的着装打扮，带着那个时期的人生感悟，充满自信地展示和表达，那才是最美的我们。

某一个清晨，每一个清晨，我们神清气爽地从床上醒来，穿戴好最喜欢的服饰，打开房门，向着幼儿园、学校、公司、图书馆、公园，温柔地踏出自信的脚步。

感受美，创造美

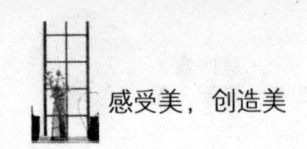

§穿搭真正的基础，是对生活的感悟能力

世人常说，女人如花。每个女人都有开花的权利，可惜的是，不是每一个女人都能在花期来临时娇艳地绽放。能否芳香浓郁，能否光彩照人，在于个人是否能优雅完美地将仪态姿容展现出来。经过花期，有的女人可以留下一份永不消逝的芬香，而有的女人却美丽不再。使两者有着天壤之别的原因之一，我以为，是对生活的感悟能力。

穿搭之前先"认识"自己

我是一个文学爱好者，我的心里住着一位诗人或是作家，有时候看到一件心仪的衣服，脑海里就会蹦出一句诗或词，我觉得这世上的每一件衣服都值得一首诗，它们从"野蚕食青桑，吐丝亦成茧"，到"去雁声遥人语绝，谁家素机织新雪"，再到"为客裁缝君自见，城乌独宿夜空啼"，最终才"画罗织扇总如云，细草如泥簇蝶裙"，穿在形形色色的人身上。衣饰得来如此不易，我们更应该好好穿搭，才不辜负它们此生存在的意义。

这里说的认识自己，不是知道自己姓甚名谁、生辰八字，而是我知道自己身材娇小且微胖，宽松肥大的衣服只会让我看起来更显臃肿，紧身衣服则会把我的所有不足放大，我适合穿那些不收腰的衣服，夏天穿七分裤或不过膝的裙子，背的包不宜太大……认识自己，就要知道自己身上的所有优点和不足，并把优点放大，弱化不足。认识自己，但不勉强自己，我个子不高，但不喜欢穿高跟鞋，平时爱穿旅游鞋，为了搭配工作时的职业装也会买平底皮鞋。高跟鞋固然会让人气质有所提升，但是平底鞋一样能显出我的专业性。我们认识自己的不足，目的不是为了向生活妥协，而是扬长避短，在保有自我的同时突出自身优势。

我的一个同事就对自己认识不够，她的个子和我差不多高，有些瘦瘦的，骨架子其实很好，很适合那种偏职业一点的打扮，走干练风。可是她因为五官并不出挑，非常没有自信，所以很喜欢跟风别人。看到谁穿的鞋子好看就买一双同款，看到谁的包好看也买个一样颜色的，搞得旁边的同事总感觉别扭，因为一不小心就会撞衫撞包。事实上她跟风别人的这些大都不适合她，相反还把她自身的优点都给掩盖掉了。

我觉得这大概就是因为她并没有真正地认识自己导致的，她认不清自己，觉得别人什么都好，却让自己的光芒越来越暗淡。

优雅的女人懂得取舍

并不是所有美丽的女人都能优雅从容、富有气韵。赋予女人神奇风采与瑰丽人生的从来不是外表，而是气质。气质是对一个女人最高的夸赞，是源自内里的一种底蕴。随着年龄的增长，美丽性感可能会逐渐凋零，但气质会更加夺目。气质是女人灵魂中迸发出的天性，再昂贵的化妆品和衣物，如果没有气质的支撑，也难以让人和美丽联系起来。

我在年轻的时候不太懂得这些，买衣服就奔着名牌，看到别人的包包、化妆品好自己就也想拥有，其实衣服的款式并不适合我，口红的颜色也让我显得老

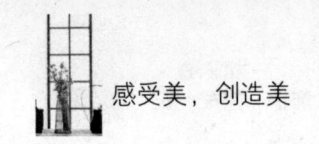

气，好在几次试错之后，我意识到了这点，开始搭配属于自己的风格。

我发现断舍离这件事不只适用于家居收纳，也很适合穿搭。衣服配饰也是够用就好，多则不美。比如我穿一件白衬衫、七分裤、平底鞋，脖子上如果配一根细项链就很好看，如果还要再搭个丝巾就多余了，会显得脖子部位臃肿凌乱，喧宾夺主。这个时候我就要选择保留项链还是丝巾，有取有舍，方见优雅。

美丽也好、优雅也罢，都不是堆砌出来的，是由内而外散发出来的，也是衣饰搭配出来的。化妆品也好、衣服配饰也好，不是多了才好看，要适合，要恰当，要把握好度。

我有时在街上会看到一些人，他们家里应该很有钱，五根手指上戴满戒指，脖子上是又粗又长的大金链；或者是满身名牌，但是一层叠一层，整个人看起来"花枝招展"。这些人的衣服饰品不是不好看，但是都跟我前面遇到的情况一样，项链和丝巾冲突了，重复或者繁复的搭配是不能给自己加分的，优雅的女人要懂得取舍。

时尚绝对不是贬义词

有很多人对时尚、潮流这些词的理解比较狭隘，在他们眼里，这些时髦的东西都是短暂的、哗众取宠的，是跟气质和优雅不沾边的。

我理解的时尚，绝对不是一个贬义的词，它是一种生活方式，更是一种行为模式。时尚就是独属于我们自己的风格，当我穿上宝蓝色连衣裙和白球鞋，而我的姐姐穿着小香风的套装裙，我们一起走在街头时，看起来和谐融洽，美得不分伯仲。

可是时尚仅仅是我们身上的衣饰吗？也不尽然。是我们的知识、智力、才能、品格、性情、涵养及道德情操等多方面汇聚成一种独特的气质，而这种气质与身上适当的穿着打扮共同把我们打造成一个充满时尚元素的人。

我身边也有那种不愿意在自己身上贴上时尚标签的人，我记得一次同学聚会，有一个大家都特别喜爱的老师也参加了，席间一个刚好坐在老师对面的女同学从洗手间回来，拿出护手霜抹手，她的护手霜是当时很流行的一个牌子，图案又恰好是那个老师最喜欢的Hello Kitty，老师就随口说了一句："我发现你挺时尚啊。"

在我听来这绝对是夸赞，我想当时在座的同学大多数也这样想。可是那个女同学却立即飞快摇着双手，一叠声地否认说："没有！没有！我不是！我不是！"她神情惊慌又急迫，仿佛老师不是夸她而是在责备她，附近的几个同学都露出诧异的神情看着她，我旁边一个女生还凑过来小声问我："时尚现在是骂人的话吗？"我也对那个女同学的反应充满了疑惑，后来我想，她可能对自己的认识还不够，还没有确定自己的风格，她错误地把时尚理解成了一种贬义，把夸赞误认成了批评。

8 丝巾，让我们回到女人的优雅状态

如果一定要选出一样衣饰品类上最伟大的发明，我想有至少百分之八十的女人会选丝巾。只要一系上丝巾，就能为搭配带来优雅感，这大概也是丝巾从20世纪至今一直被女人们奉为配饰瑰宝的原因之一了。

色彩搭配之美

我记得有段时间出差频繁，经常乘坐不同航空公司的航班，看着空姐不同颜色的着装，忽然发现原来她们配戴的丝巾另有玄机。

国航空姐是正红色套裙，夏天有时会穿红马甲白衬衫，她们戴的丝巾是那种红白相间的，在偏向一侧的位置系个结，远远看去又喜庆又亲切。南航空姐则穿藏蓝色套裙，红白蓝三色条纹的丝巾系在衬衫里，只露出一个边儿，有一种甜美的沉稳。说不上来哪种着装更好，或者说两者都很好，我想这主要归功于色彩搭配得恰到好处。

我也喜欢丝巾。我自己就有两件含有丝巾元素的衣服，不同颜色的丝巾也有两三条，春秋两季是我丝巾使用率非常高的季节。每当我身上的服饰过分单调，或者颜色太冷淡、太热烈的时候，我都会挑出一条丝巾综合一下，效果总是立竿见影的好。

> • 第四章 •
> 为服饰搭一搭配一配

我认识的最喜欢丝巾的人，可能非我婆婆莫属。她年轻时个子高身材好，因为做财务工作，退休之后还发挥了几年余热，直到前几年突然生病，意识到身体已经不允许自己再拼命了，这才开始真正过上退休生活。她迅速找到组织，开始跟着一群老头老太太跳广场舞、听保健知识讲座、去祖国各地旅游，其中的亮点就是他们的所有岁月留影，里面必定有一条条色彩斑斓的丝巾，热闹的气息几乎要溢出手机屏幕。

我发现同一个人在不同年龄所喜欢的颜色是不一样的，我特别小的时候喜欢"花里胡哨"，恨不得每天都穿一身彩虹上幼儿园，后来有段时间我特别喜欢大红色，从百褶裙到小棉袄全都是热烈又喜庆的红色，再后来我突然只爱穿黑、白、灰三色的衣服，现在则只喜欢穿纯色，曾经的带波点、带条纹的衣服都被丢掉了。

妙趣横生的角色感

我一直认为服饰自有它们的专属语言，丝巾当然也不例外。不同色彩、不同图案、不同尺寸的丝巾搭配出来的氛围千差万别、妙趣横生，有一种演绎性和角色感。

比如我有一件带丝巾元素的豆绿色丝质衬衫，在肩的部位垂下两条三角形的米色底小绿花的半截丝巾，又在第二颗纽扣上方有一个袢带，把两条三角巾穿过去，就像丝巾在胸前打了个结。这件衬衫下面配七分裤或是长裙都好看，每次穿上它我都有种时空穿越的感觉。好像自己回到了二十世纪五十年代的上海或香港，身份是那种留洋归来的富家小姐，整天拎着一个竹编书筐，穿梭在校园里一群厚瓶底眼镜和传统的蓝衫黑裙里，成为一道另类的风景，时髦又骄傲，优雅又

知性。

而当我换上那条最喜欢的墨绿色长裙，戴上用于遮住低领口的同色系暗格丝巾时，幅度稍大地转个身，让百褶的裙摆在空中划过，像潮起，像云过，我又仿佛置身于斯佳丽家的庄园，优雅地坐在花园里，喝一杯午后红茶，看一群年轻人在院子里跳弗吉尼亚双人舞。

丝巾就是这样，它古老又现代，新潮又有时代感，戴着它我们可以和恋人漫步在三亚的海滩，也可以坐在古旧的摇椅上听嘶哑的老唱片。

我每次出门想戴丝巾时都有一种浓浓的仪式感，心里会过一遍今日穿搭主题，然后再挑选与之相匹配的衣服。当我戴丝巾时，脑海里可能已经瞬间演完了一部以它为道具的电影，我当然是故事的主人公，靠着这条丝巾战胜反派、收获爱情、名利双收、走上人生巅峰。尽管我有这么多内心戏，但这一切都不为人所知，这是我和丝巾之间的秘密。

做一个丝巾美人

由于喜欢，我对丝巾还做过一番研究。它的历史非常悠久，可以追溯到古埃及时期。古埃及人以丝绸为原料织成了长方形的织物，其花纹一般都是比较简单的几何图形。后来又经过古希腊时期的发展，一直延续到现代。

在中国，从古代到现代偏爱丝巾的名人、美人也有不少。据说民国时期的上海名媛唐瑛，就曾以丝巾做发箍惊艳了整个上海滩；英国女王伊丽莎白一生钟爱丝巾，"不戴皇冠时，就戴丝巾"；柬埔寨太后莫尼列，一头银发韵味十足，用一条丝巾就能尽显女人的优雅。

当我们不知道选什么饰品来装饰修长的天鹅颈的时候，当我们厌倦了金属、宝石、金银等材质配饰的时候，可能我们还不知道，丝巾也可以化身成一条别致的项链。丝绸的光泽与女性气质十分相配，可以烘托出我们的柔美、典雅和大方。

让我们做一个丝巾美人，静下心来感受每一种材质的温度、每一种色彩的生命、每一种图案的语言、每一种系法的律动和每种搭配的情感表达。

记得有一次，一个朋友突然打电话，说她下午要参加女儿的毕业典礼，学校希望家长"盛装出席"，而她因为当了好长一段时间的全职太太，身材管理得不够好，整个人像气球一样浮肿，她不想让女儿因为自己感到丢脸，问我有没有什么解决办法。我火速地赶去了她家，看到她在满床的衣物里痛哭流涕，其实她只是脱离职场太久，没有了自信，她不比我胖，我火速帮她搭配着衣饰，建议她把头发盘起来，又因为她的脖子修长，我帮她选出了一条丝巾，并对她说："相信我，戴上它你一定是今天最靓的仔！"她破涕为笑，整个人都明媚起来，状态特别好地参加了那场典礼，还得到了她女儿的夸奖。

§扬长避短穿衣法

总有些人对自己要求特别严格,他们觉得自己身上处处不完美。可是这个世界上真正完美的人是不存在的,我们都各有不足之处,这是我们区别于他人的地方,也是我们独一无二的存在。正是不完美让我们与众不同的。

我怎么可能一无是处

我常常听到身边的女性亲戚或朋友感叹"我个子矮,穿不了风衣""我腰粗,穿旗袍不好看""我腿太粗,从来不穿裤子"……如果总是抱着这样的想法去穿衣服,她们得错过多少美丽的时刻啊。

拿我自己来说,我个子不高,腿短,腰不够细,眉毛粗,有双下巴,可是我在很多年前认清自己之后就再也没有自卑过,我在自己身上找出更多的优点,在穿衣搭配时把它们放到最大,让别人第一眼看到的永远是我最美丽的状态。我每天都能从家人、电梯里遇到的邻居、办公室同事,甚至地铁里陌生人的赞赏眼神或话语中,得知我今天又美出了一个新高度,我还可以更美。

我们怎么可能一无是处?我们怎么可能没有优点?个子矮自然有适合小个子的穿搭,微胖也有适合微胖的着装,我们承认自己的不完美,再扬长避短地把它们规避遮盖。我的衣橱里也有长风衣,只是它的款式和比我高十几厘米的姐姐的那件略有不同，它不会有特别繁复的设计，颜色也更单一一些。我很喜欢穿它，它让我看起来很瘦、腿显得很长，如果不是我所在的城市春天和秋天都太短，我穿它的时间一定会翻倍。

我们处在一个信息爆炸的时代，各种社交平台信息泛滥，我们经常刷到那些视频，年轻的男孩女孩把自己加了十倍滤镜的照片发出来，让很多人误以为现在的审美都是这样的：瘦成纸片人，白成一道光，尖下巴，大眼睛，人人都是美妆博主，所有人的脸都像是一个流水线车间生产出来的。这怎么能是美呢？这怎么能比我们美呢？这是需要我们整理并丢弃的东西，我们断舍离的时候不单要舍弃多余的物品，还包括一些思想和观念。

换个发型换个心情

在我们说穿搭的时候，还有一个误区，我们以为穿搭都应该是身外之物，是衣服，是饰品，是包包，但我们忽略了特别重要的一个部分——发型。

我们肯定看过那种"一个发型毁了一个人"，或者"一个发型拯救了一张脸"的情况。再好的五官容貌，再好的服饰搭配，如果没有配上一个合适的发型，就会减掉很多分。

我自己就曾经有过这样的经历。当时是几年没回过老家，正好休年假回去，就找了大学同学聚会。因为几年没见，很想给大家留个好印象，表示自己在外面过得很好。我为此专门买了新的衣服和鞋子，还把自己最喜欢的包包也带回去了。想在聚会前去做头发，谁知一下飞机就接到单位的轰炸电话，有一个特别关键的工作必须由我来完成，我根本没带电脑回去，只好在手机里费劲地进行着各种操作，一连几天忙得昏天黑地，完全忘记弄头发这件事。

等到聚会那天，我化好妆，穿戴整齐，一照镜子发现我那顾不上打理犹如一团枯草的头发，只觉心里一惊。再去做头发肯定来不及了，散着又看起来颓废，我只好绑了个马尾出门。结果见到老同学时，好几个人都异口同声地问我："在城市打拼这么辛苦吗？你看你都憔悴成什么样了！"我发誓，我的妆容精致、衣着光鲜，手里还拿着几万块钱的名牌包，全身上下唯一的败笔就只有那头枯发。

那天有一半的时间，大家都在劝我"太辛苦就回来吧"，这让我郁闷不已，我真的挺好的。我住的城市气候宜人，我的父母身体健康，我的工作顺心，家庭美满，我甚至都找不出来自己有什么遗憾和不满。可是大家凭着这么一个来不及打理的发型，就将我定位为苦哈哈的异乡打工人，能不让人郁闷吗？

发现发型能改变人的心情之后，我把目光放到了女儿身上，她有一头浓密乌黑的头发，这一点应该是随了我的基因。我特别喜欢她的头发，大概四岁以后就再没给她剪过短发。我每天早晨最喜欢的事情之一，就是变着花样给女儿梳头发，为此还给她买了一抽屉的头绳、发卡、头花，她的发型可以保证一个月不会重样，当然，这里也有我先生一半的功劳。我们两个对给女儿梳头发的争夺战也向来激烈。

了不起的帽子戏法

爱上戴帽子是从我怀女儿的时候开始的，那时候我开始频繁地掉头发，不到一年的时间发量骤减了将近一半。我几乎要犯焦虑症，很怕自己年纪轻轻就秃头了。

还是我先生想到了这个办法，他说他一个已经秃顶的老同学就特别喜欢戴帽子，看起来很有气质，还遮住了自己的不足。我以前只在去海边的时候会戴遮阳帽，爬山会戴棒球帽，其他时候都在变着花样鼓捣我的头发。

可是我的先生能言善辩，我被他说动，决定试试。谁知他一下子买回来十几顶帽子，打开我的衣橱，直接在客厅里来了一场搭配秀。每顶帽子适合与哪些衣服搭配，什么颜色配什么样式好看，我被震惊了，如果我不认识他，一定会以为他是一名服装设计师，说得真是太专业了！

后来有段时间我无论在家还是出门，都会戴上不同的帽子，也渐渐习惯了这种穿衣搭配的组合，更是忘了戴帽子的初衷。等到女儿出生，我的头发慢慢养得又浓密了起来，这时我才想起来，自己还曾经担心变秃。

帽子身负重任地来到我的生活中，不仅出色地完成了自己的任务，还超常发挥，成为我生活中必不可少的服饰元素，在我各种风格的着装里自如地游走。

我觉得，每一个爱美的女人的衣橱里都应该摆着几顶帽子，我们可以戴着它们出入不同的场合，让它们为衣服锦上添花，为身型分忧解愁，为风格传递态度。

感受美，创造美

§ 场合着装，做懂礼仪的优雅女人

生活在这个纷繁复杂又绚丽多彩的社会里，我们很难离开社交。而不同的社交场合要怎么着装，特别是面对那些对我们非常重要的长辈、朋友，或是职场伙伴时，我们需要迅速建立自己的身份标识，获得认可，同时加深留给他人的印象。

尊重场合，把教养融入血液

一个人的外部形象如何，是非常容易和我们的自身背景及社会定位挂钩的。有时候，很多人只通过基本的衣着打扮，就能判定我们处于哪一个阶层，值不值得他用心，有没有必要和我们结交。这不是势利，而是人类的惯性认知。着装得体，真的会给我们带来更多机会，在社交场合，穿衣服就是穿名片。

我们生活中有很多场合会明确表示对着装的要求，比如有的西餐厅会在大堂门口立一块牌子，上写"请着正装"，或者去看一场音乐会，可能演出入场券上就会标注"正装出席"。有一些平时穿着比较随性的人对此不以为意，穿着大短裤、拖鞋就想进去，结果当然是被拒之门外，他们就会说店家、会场事儿太多、歧视消费者，认为自己受了委屈。

其实这种要求不难理解，打个比方，我先生请他同事来家里做客，结果那人嫌天热光着膀子就来了,席间满口的黄色笑话,全然不顾我和我未成年女儿的感受,那合适吗?那些西餐厅、音乐厅的做法当然也没有错,人家打开门做生意,来的都是客,但是主人对客人的着装有要求,这不过分吧?如果不想遵守,我们完全可以不去嘛,为什么要道德绑架地希望人家不要求呢?

不同场合应该有不同的着装,这其实是人人都懂的常识,是连一两千年前的古人都懂的道理。在朝为官,上朝时需要穿官服,官服繁重,夏天热得要命,冬天还冷,有人敢脱下官服换上清凉衣衫吗?有人敢围个毛皮围脖吗?古代官员上朝穿官服既是规矩,更是教养。难道时代发展到了今天,我们还不如古人,不懂规矩不顾教养了吗?

尊重不同场合的着装要求,其实就是尊重我们自己,奉行场合着装的原则,把教养刻在我们的骨子里,什么是品位?什么是时尚?这才是!

着装"得体"才是优雅

说到着装"得体",我想起一个从亲戚那里听来的故事。那亲戚有一次参加同学的婚礼,拿到请帖的时候,看到显眼的位置有一行特别提示:民国婚礼,请得体着装。

于是我的亲戚知道这是同学想把婚礼搞得特别一些,就专门挑了一件稍微素雅一些的碎花旗袍,让先生穿了件中山装,结果到了现场才发现,参加婚礼的人要么穿着休闲随意,感觉不到对新人的尊重和祝福之意;要么时髦吸睛,几乎抢了新人的风头。而最令我亲戚感到困惑不解的是,像她一样根据婚礼主题和要求着装的人寥寥无几。我的亲戚对我说:我觉得这是礼仪和教养上的缺失,更是大家对着装认识的偏差。

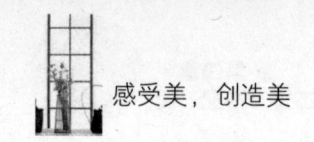

在参加别人婚礼的时候，我们有没有想过，要如何通过着装和言行举止来表达对婚礼的重视和对新人的祝福？再通过我们的表现让新人感到有我们这样的亲人或朋友是一种荣幸呢？我们要如何穿着才能让自己看起来既不张扬却又精致优雅呢？

我觉得不管出席什么场合，当我们每一天打开衣橱，都应该有一种仪式感，我们尊重每一个场合，也让服饰发挥出它们最大的价值。我们慎重选择，用心搭配，精心修饰，让自己的着装体现出我们最大的诚意。

这时再说"得体"着装，我们脑海中浮现的是什么呢？是时尚的反义词，是束手束脚、中规中矩？在我看来都不是。我不觉得那场特别标明主题的婚礼上，穿着休闲随意就是自在，穿着时髦吸睛就是时尚，而我那个尊重新人的亲戚就是刻板保守。恰恰相反，我觉得我的亲戚才是得体和优雅的体现，而其他人，似乎只能说他们行事欠妥、没有分寸、缺乏礼仪。

服饰搭配中蕴含的礼仪

当身处一个相对不那么熟悉的环境中，我们的穿着就是我们的个人标签。身处喧嚣人群，形象是与外界沟通所传达的第一信息。时刻保持从容利落与得体优雅的外在形象，对我们来说尤其重要。我们与长辈相处要有晚辈的礼仪，与社交对象相处同样要有社交礼仪，而在进行得体的谈吐之前，服饰穿搭就是我们表达礼仪的第一步。

首先，让我们明确一下什么是礼仪。"礼"这个字是什么意思呢？它是一种道德规范：尊重。孔子说过："礼者，敬人也。"在人际交往中，既要尊重别人，更要尊重自己，这就是礼者敬人。但是我们光是嘴上说说没有用，别人怎么知道

第四章
为服饰搭一搭配一配

我们心里想些什么？这就要求我们要善于表达，它需要一定的表达形式。而我们尊重他人，在不同的场合得体着装，就是我们对礼仪的有力表达。

我记得小时候看过一场外国电影，里面有一个镜头，一群小学生去老师家里做客，这群孩子穿戴整齐正式，安静地排队等在老师家门口，在老师打开门欢迎后，又依次有序地进入。他们虽然来自不同的家庭，却有着相同的礼节，不约而同地尊重这次做客机会并谨慎着装。在他们身上，我感受到了一股强大的"礼"的力量。礼仪，需要从小培养。在孩子身上的这份得体，能够深刻地反映一个家庭的教养和分寸。

着装就是这样，会和我们的内在相互影响，与此同时，也在向外界讲述着和我们有关的故事。着装礼仪，是做优雅得体女人的秘籍宝典，也是人生的必修课！

感受美，创造美

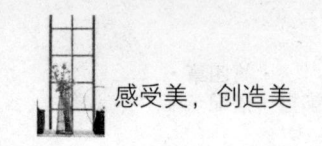

§ 别再做偷穿大人衣服的小女孩

一个人穿搭最为成功的体现是，让人看到某类款式的服装就能想到我们，这时我们便有了属于自己独一无二鲜明的"符号"。追求穿搭的美丽优雅不是随波逐流，更不是人云亦云，不是偷穿母亲那件让她看起来光芒四射的衣裙就能让我也气质出众，而是用最适合自己的方式来打造独属于自己的魅力标签。

品位，让我们优雅地走向成熟

拿我自己来说，我的穿衣搭配经历完全可以写出一部穿衣风格演变史，一部"搭配小白"的进阶之路。

由于身材娇小，加上本身比较喜欢学生式的清爽打扮，我在参加工作一段时间之后还保持着学生时代的穿衣风格，而我自己还没有意识到有什么不妥。直到一次随主管律师去见客户，那个客户在打招呼的时候就礼貌地问了一句："李律师，这是您团队新招的实习生？"带着实习生见客户是一种不太礼貌的举动，显得不够重视对方。主管律师忙解释说："她是我从其他律所挖过来的，在离婚诉讼上经验比较丰富，她就是长得显小。"这才化解了一场可能的职场危机。

事后主管律师语重心长地找我谈话，他说："我尊重你的穿衣习惯，也不对你的日常工作着装做要求，但是下次再有这种比较正式的场合，我希望你能穿职

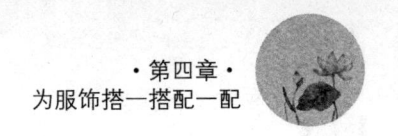

业装，这也是律师职业操守的一部分。"

我深觉羞愧。其实整个律所里穿梭的同事都西装革履或穿着职业套裙，只要用心，我不可能发现不了自己的格格不入。我确实没有慎重地对待我的职业。

之后我也不是一下子就找准了自己的穿衣风格，有一段时间我一直在穿母亲和姐姐的衣服，她们两个都比我高，但是胖瘦差不多，所以她们的衣服我穿起来唯一的问题就是长度不合适。但是她们的衣着品位都很好，她们穿的时候都能成为别人瞩目的焦点，我以为我也能穿出同样的效果。

结果当然是不能。我是真正"穿着大人衣服的小女孩"，那些衣服穿在我身上给人一种撑不起来的感觉，别人觉得我怪怪的。于是有相熟的同事委婉暗示我：这件衣服好像不太适合你呀，它看起来太大了。我很快反应过来，自己不能永远穿着不合适的衣服，就好像我们不能永远长不大。于是我开始有意识地寻找属于自己的穿衣风格，并慢慢完善它，渐渐蜕变成一个成熟优雅的女人。

品格，决定我们衣服的定位

品格是一个人的基本修养、内在素质，它决定了我们应对人生处境的模式。具备良好的品格，能够成为我们前进道路的助力，让我们登得更高、走得更远。而培养穿衣品格，可以让我们摆脱身高的桎梏，牢牢把握住自己的身材比例，让我们对自己的衣橱有一个清晰的定位。

我们对穿衣品格的定位，不是我们职业或年龄的标签。不是我当律师就得西装革履，当编剧就得不修边幅，四十岁以后就不能穿粉色系。我们在具有某种身份之前，首先是我们自己。

比如我本身身材娇小，原来做律师的时候，其实穿上高跟鞋更能突显我的气势，让人第一眼就能对我产生信服感，相信我有帮他们打赢官司的能力。但是一来我不喜欢，二来高跟鞋让我很容易崴脚，所以我把它替换成平底小皮鞋，搭配我不失干练的衬衫和五分裙，把头发盘成一个利落的发髻，再戴上一幅没有度数的蓝光眼镜，显得我既沉稳，看起来还特别可靠，客户也能很快对我建立起信任。所以我有必要勉强自己去穿高跟鞋吗？显然是不必的。

后来年岁渐长，我的职业转向了编剧，这个时候我已经不喜欢穿裙子了，当我去见导演或制片人的时候，与衬衫搭配的换成了直筒裤，头发也剪成齐肩，给人的整体感觉是知性中又透出一份活泼，让人相信我一定能讲好每一个故事。

我们不需要很多的衣服，有几件基础款，再加上几件能彰显我们个性的衣服就足够了。精致的形象，一定是用心去装扮自己，关注细节，不随波逐流。良好的穿衣品格，从来都需要一颗不急不躁的心去体会、去感悟、去打磨。

品质，穿着得体自由行走

中国是一个有着鲜明文化特征的民族。我们在大量的历史书籍中看到一统华夏的黄帝因"衣"而"治天下"，也看到《周易》中描述的统治者们如何用等级森严的服饰制度"垂衣裳而天下治"。

我们一直在强调要在合适的年龄穿恰当的衣服，不要做那个永远"偷穿别人衣服的孩子"。总有人说自己买不起好衣服，他们无论走到哪里都穿着不太合体的、将将就就的衣服，他们总不相信有人能靠着微薄的薪水既能生活得好，又能穿得好。那是因为他们没有用心观察，事实的真相是，那些穿着得体的人并非都穿着昂贵的衣服。穿着得体远比衣物昂贵更能反映一个人的品位和素养。

同样的道理，一个人的美也绝非只因她的五官和身材，气质和着装往往能给人的外貌加分，让她看起来比实际美上几个高度。真正的美，是懂得在不同的场合展示自己，该低调时绝不锋芒毕露，该亮相时也绝不缩手缩脚。

我记得早年做律师的时候，有一次遇到一个客户，她打的是离婚官司，男方出轨，但是公司经营良好。而这个客户早些年被劝着辞职做了全职太太，与社会有点脱节，整个人特别不自信。由于男方是惯性出轨，导致这个客户对同性产生了排斥心理，她要求选一个男律师。

我们团队没有做民事诉讼的男律师。主管律师不想失去这个客户，让打离婚经验比较丰富的我去争取一下。我那天穿了干练又稍显严肃的衣服，带了我刚会走路的女儿去见了这个客户，会谈过程中我把她当成亲戚家的姐妹，既推心置腹又不失专业，她很快就决定由我做她的代理律师。后来这个客户说，其实她见到我的第一眼就决定用我了，她说："你的打扮太得体了。"

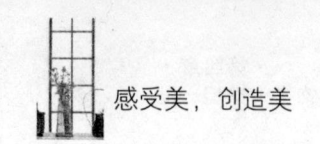

8 "极简搭配"也能玩转办公室

在日常办公的时候,着装重要吗?

当然重要。职场不是一个体现个人主义的地方,不要试图在着装上突显鲜明的个性,八小时之外有的是我们发挥的空间和余地。我们尽可以在服饰搭配上用一点小心机,让自己更有气质,让别人对自己印象深刻,但是切记不要用力过猛,避免过犹不及。

职场里的形象"零"投资

我们可能觉得出去面对客户的时候一定要注意着装,要给人专业的感觉,让人知道我们踏实可靠。而日常在办公室里,周围都是朝夕相处的同事,就没必要还端着那股劲儿。其实不是的。我们的形象一旦建立就不要去摧毁它,日常办公可以尽量精简搭配,但是风格和品味不要改变,以免给人一种捉摸不定的感觉。

我自己就亲眼见过一件事。有一个其他团队的男同事接了一个案子,因为并不是他擅长的,于是他就想把这个案子推荐给我们团队的一个女律师。那天是周五,那个男同事没有事先打招呼就直接带了当事人过来,我们团队的女律师碰巧晚上约了人打网球,当天也没有外出安排,就直接穿了一身适合运动的衣服上班，结果当事人一见她就面露迟疑，没谈几句就先走了，合同也没签，后来就不了了之了。事后那个男同事去问这个当事人，当事人说："她看起来不太专业。"

其实在不需要外出见客户的时候，我们在办公室的着装可以相对精简，我们不用搭配很多的服饰，只穿一些基础款职业装就足够了，抛开那些佩饰，我们轻装上阵，一样可以看上去很职业、很干练。基础款的确是最不容易出错的服装款式，虽然看起来雷同，但是只要我们用心搭配，就能呈现出意想不到的效果。

比如我有两件基础款白衬衫，我可以用它们搭配出一周的办公室穿搭，而不用担心重复或是单调的问题。其中一件是小翻领收腰款，我可以用它搭配包臀裙或是直筒裤，还可以在外面套一件与裙子或裤子同色系的马甲。另一件是半立领宽松款，我可以用它搭配A字裙或小脚裤。只要搭配合理，颜色匹配，我不需要再额外花钱买其他衣服或饰品，用现有的衣服就能保证工作日的得体着装。

办公着装省钱大法

其实职业装真的不需要太多，像我先生就只有黑、灰、藏青三套西服，衬衫按不同颜色有四五件，我也就比他再多两三条裙子。毕竟工作只占我们生活的一小部分，我们更多的时间、精力还是放在与家人相处和与朋友交往中。

所以我们家，包括我的很多朋友都奉行办公室极简着装，我们用几件基础款就能搭配出工作日的不同风景，并不会在"工作服"上花费太多。如果我们预算不多，只够买一套服装，那黑色西服套装和白衬衫永远不会出错。如果可以的话，再加一件浅蓝色衬衫，如果是男性也可以换成灰色的。

黑、白、蓝、灰是职业装最常见的颜色，同时也是最容易搭配的颜色。想要穿出大方得体的效果，最需要的不是衣服饰品多，而是技巧和感觉。只要对自

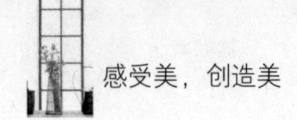

己有清晰的认知，为自己制定了穿衣风格，掌握了着装技巧，就能够展现出让周围人觉得"很专业""很有品位"的职业感。然而，想要掌握最基本的技巧，最重要的是重新审视自己目前所拥有的服装，改变迄今为止对穿衣搭配所持有的误解，以开放的眼光、崭新的心情去面对办公室着装这件事。

我认识一个年轻姑娘，她没有太多预算去购置职业服装。但是她的职业又对着装要求很严格。于是这个聪明的姑娘就用一套西服、一件衬衫、一件马甲和一条丝巾搭配出每天不重样的着装，她的同事甚至在很长一段时间都没有意识到这件事，他们都觉得她很有品位，还很时尚。

这个姑娘就是把职业装省钱大法运用到极致的典型代表，她的经济窘迫，但是她并没有因此自卑或气馁，反而积极地想着解决办法，完成了一次教科书式的穿搭演示，非常值得我们大家学习。

极简职业装为初印象加分

其实简单精致的着装是非常能为人加分的，尤其对于某些需要给人以沉稳、踏实、值得信赖的职业来说，我的前后两份职业都是如此。

我在自己的整个职业生涯里对于职业装的搭配一直都抱着极简的原则。我不会穿太繁复的服饰去见客户，尽量不给人以"花里胡哨"的观感，我也不希望自己的着装过于醒目，以免弄巧成拙。

我发现越是简单的着装越容易给人以干练的感觉，尤其是对于那些第一次见面的人。过于繁复和有个性的服装，往往会喧宾夺主，削弱我们本人给人的印象，这显然是一件得不偿失的事，违背了我们的初衷。

打个比方，如果我穿一件豆绿的衬衫和灰色小脚裤去见一个导演，与我穿一件紧身上衣和破洞牛仔裤去见同一个人，效果会有什么不同？当我穿着第一套衣服，戴上没有度数但他并不知道的防辐射眼镜，打开随身携带的笔记本电脑，让他看我的剧本大纲，他可能心里在想"她究竟能写出什么有意思的故事呢？"而当我穿着第二套衣服，同样打开笔记本电脑，在把屏幕转向这位导演之前，他会不会在想"她是打算给我播放什么风格的摇滚乐呢？"当然，事实上导演们不会真的这么以衣取人，他们主要看的还是作品，但是我想，如果是我，可能会对第一套衣服寄予更多的期待吧。至少我不会把注意力都放在那些破洞上，不会想这个人冷不冷？或者露出的皮肤会不会被晒黑？

感受美，创造美

§ 长裤与短裙的和谐碰撞

不同年龄段的人对于职业装的驾驭能力各不相同，尤其当我们在选择西服的时候，挑选不对就很容易给人以与年龄不匹配的感觉。而下装则不存在这个问题，它们搭配起来会更灵活一些，如果花点小心思，稍微改变一下，就很容易穿出时尚的效果。

不挑身材的永恒长裤

长裤真的是一件百搭的单品，而且不同的长裤优势也各异。比如直筒裤就很适合小腿稍粗的人，而小脚裤就特别能给小骨架的人加分，不管是什么类型的身材，我们都能选出一件适合自己的长裤。在写字楼里，长裤的出镜率要远远高于裙装，因为它是男女皆宜的服装，职场上的半数女性都喜欢穿它。

我的一位女同事就特别喜欢穿长裤，她的身高恰到好处，差不多165厘米，但却是典型的"梨型"身材，也就是她的上身消瘦，甚至连锁骨都清晰可见，但是胯骨过宽，双腿肌肉扎实，小腿有些粗，使得她下半身看上去分外臃肿。

这位女同事很注重自己的外在形象，花了不少心思在着装搭配上，扬长避短地掩盖自己身材的不足。她上身经常穿一件稍长一点的衬衫，腰收得细一些，下摆盖到胯骨部位，下身则是直筒长裤，完美遮住她稍粗的腿部，下面再配一双坡跟鞋，这样既能突出她纤细的上半身，又显得她的腿笔直修长。

不仅如此，她还在佩饰上花了很大的心思，她买了一些不同颜色的丝巾，因为喜欢戴耳环，还买了不少各具特色的耳环，珍珠的、仿玳瑁的、亚克力的……可谓琳琅满目。她常常根据自己的服装色系来选择耳饰的质地、色彩。这些配饰的运用，既点亮了整个人的风采，又不喧宾夺主，起到了相得益彰的良好效果。我有幸见过这位同事的衣橱，长裤的数量真是惊人，各种颜色、各种款式的细微差别，让我对这款单品大开眼界。

仔细观察就会发现，那些真正让人赏心悦目的姑娘一定不只是脸好看，也不一定都有极好的身材，她们一定是在细节处特别用心，从衣衫的质地到丝巾、耳环的装点，再到不同款式长裤的选择，坡跟鞋的搭配，整体给人的感觉就是宛若天成。

最适合梨型身材的铅笔裙

人们把自己的身材形象地比喻成各种水果：梨型、苹果型、草莓型，梨型身材在女性群体中非常常见，表现为肩窄、腰细、髋宽、臀肥、大腿丰满；苹果型身材以男性居多，表现为肚子大、上肢和下肢不胖或纤细；草莓型身材表现为体型整体呈"倒三角"状，肩部宽厚、上身胖且壮、但臀部偏窄，是典型的"虎背熊腰"。身材不同，在穿衣搭配时也要有所不同。

我的一个很要好的大学同学就属于梨型身材，她个子高，体重也不重，但由于身材原因，只要穿得稍微不合适就会显胖。我们上学时她还没有找到穿衣的窍门，喜欢穿那种束腰的紧身裤，结果腰确实显细，但是胯骨、臀部和大腿整体拉垮，让她看起来比实际体重至少重二十斤。我同学特别苦恼，一度减肥减得都魔

怔了，可是哪怕她肚子再瘪，眼睛都凹陷进去了，身材依然不受任何影响，最后也只好放弃。

后来等我们都参加工作了，这位同学也仔细研究过自己身材的优缺点，开始扬长避短地着装，整个人就不一样了。她最喜欢穿各种铅笔裙，一年四季都穿，从薄到厚、从纱到棉，各种布料、各种款式、各种颜色，多得简直能开个专卖店。

这位同学上身较瘦，脂肪主要沉积在臀部及大腿，为了弱化臀部宽、大腿粗的不足，她上身通常都会选浅色系，以拉宽肩部的感觉。下身的铅笔裙以深色系为主，但是色彩并不单调，黑、藏蓝、墨绿、深灰、焦糖、深红，她衣橱里的颜色比大多数人都丰富。在裙子的款式上，她更是花了不少心思，前兜、后兜、侧兜，前开叉、后开叉、侧开叉、宽腰带、细腰带，她用裙型很好地遮掩了自身的不足，束腰以突出腰细，又让裙子长度保持在膝上，以露出纤细的小腿，她把这些小心机都藏在细节处，让梨型身材在铅笔裙里绰约多姿地展露，让自己成为街上一道最亮丽的风景线。

做一个着装的艺术家

其实我们都不完美。身材纤细的人觉得自己胸部太平，胸部丰满的人认为自己腰太粗。腰细的人觉得自己腿短，腿长的人则认为自己鼻子塌，我们总能找出自己的不足。但是有时候我们也庆幸自己的不完美，因为正是这些不完美让我们各有千秋，如果大家都是完美的，那就极有可能千篇一律、毫无特色而言。

我们要正视自己的不完美，也正视自己并不完美的身材，把不完美的身材打扮得闪闪发光才是我们面对挑战时应该有的态度，我们大可以把穿衣打扮当成一种乐趣，让服装成为我们进行交流时表达自我的载体。

很少有人能驾驭所有服装类型和款式，我们要善于发现自身的优势，腰细就穿高腰长裤，小腿直就穿铅笔裙，皮肤白可以多搭配花色，我们应该多在自己身上花些心思，做一个着装的艺术家。

我刚毕业的几年衣橱里短裙偏多，我的腿细，但是个子不高，所以我选择的裙子都不会过膝。那时候人很瘦，喜欢穿浅色系衣服，裙子大多是白色、米色、浅灰、淡蓝、豆绿的，搭配上各种款式的白衬衫、粉衬衫、浅蓝衬衫，一股青春气息扑面而来，看起来就充满干劲。最近几年换了职业，心态也不一样了，加上新陈代谢没有二十岁时那么快，身材肉眼可见地朝着横向发展，我开始喜欢衬衫或 T 恤与长裤的搭配，觉得如今的自己更充满知性美。

现在的我知道，穿衣只是一种表象，我们穿的其实是我们的本质，衣着最大的功能，大概展现的是我们对人生的态度：少年时张扬，青春正好时色彩斑斓，成熟后回归恬淡。

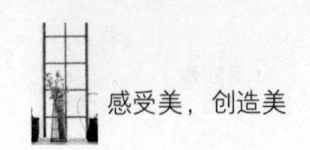

§衣橱里的主力军——基础单品

每当别人说起基础款的时候，我们心里想的都是什么？是那些平平无奇的白衬衫，还是千篇一律的职业套装？我始终相信简单的力量，就像达·芬奇所说的：简单是终极的复杂。每当我看到衣橱里一件普普通通的基础款与不同衣服搭配出各种穿法时，内心都是愉悦的，我欣喜于一件衣服被如此郑重地对待。

衬衫的前世今生

我国周代的时候就有衬衫，只不过那时衬衫被称为中衣；到了汉代，衬衫又被称为厕腧；直到宋代，才正式使用衬衫之名。古代中衣基本为纯白色，因阶层或贫富差异而在面料上有所区别，现在除了作为戏服就只有汉服爱好者会穿戴。

上面说的是中式衬衫的发展史。而在西方，衬衫出现于公元前16世纪古埃及第十八王朝，当时衬衫都是那种没有衣领、袖子的束腰衣；发展到14世纪，诺曼底人身上穿的衬衫就已经有了衣领和袖子；到了16世纪的欧洲，流行在衬衫的衣领和前胸处绣花，有的在领口、袖口、胸前装饰花边。18世纪末，英国人穿起了硬高领衬衫。维多利亚女王时期，高领衬衫被淘汰，形成现代的立翻领西式衬衫。

大约19世纪40年代，西式衬衫开始在我国流行，最开始大部分都是男款，

50年代开始渐渐被女子采用,现在已经成为大多数人衣橱里不可或缺的单品之一。

比如我家的衣橱里,衬衫的数量超过了整体衣服的三分之一,如果只看我先生的那部分,衬衫则占了衣服总数的二分之一。他在认识我之前,和大多数男人一样,会选择一款衬衫然后按白、蓝、灰颜色分别买上三五件,就算搞定内搭这一块。后来我们开始对穿搭产生兴趣,挑选衣服时特别注重细节处的不同,他的衣服看起来也不再像统一分配的工作服。一件衬衫,哪怕多喜欢,也不可能再买一件,而是在领、袖、口袋、纽扣上找一些细微的不同,让基础单品不单调。

我在挑选衣服的时候经常听到一些声音,他们说"这些衣服看起来好普通啊","它们一定不会吸引别人的注意力,毫无特色","把这样的衣服搭配起来,会不会看起来毫不起眼呢"……我特别能理解他们的顾虑,因为这些基础单品陈列在那里的确其貌不扬,我们的兴趣大多会被华丽及极具设计感的东西所吸引。但是恰恰是这些最基础的单品,比如一件白衬衫,能够跟任何衣服灵活搭配,并赋予整体 1+1>2 的视觉效果。

我经历的西装迭代史

忘了是在哪一部西方电影里看到过这样的画面,主人公是一位患上阿尔茨海默病的老年女性,她已经丧失了记忆,但是仍然记得每天要穿上她最喜欢的红色西装套裙,戴上珍珠项链。她身处养老院,身边一个亲人也没有,但却不失精致。坐在轮椅上望向窗外的她浪漫又独立。试问,谁不想精致到老?但是美感的建立需要从现在开始,它是一辈子的事情。

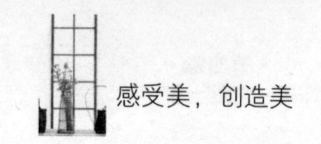

小时候我在家里最早看到的西装其实不是西装，而是中山装。我的父亲不是一个喜欢穿西装的人，有一次一个关系很好的亲戚结婚，母亲希望他穿得稍微正式一些，于是亲手给他做了一件浅驼色中山装——我的母亲从小学了裁缝这门手艺，这让她在亲戚朋友中的人缘极好，也让她的前半生几乎没有休闲时光。那是我第一次看父亲穿那么正式的衣服，觉得他帅得"突破了天际"。

后来父亲陆陆续续也会穿西装，只是再也没有产生惊艳到我的效果。而衣服的款式也随着流行时尚在不断发生着变化，有双排扣猎装风格的，有一颗纽扣的，有垫肩的，有插肩的，每个款式在它流行的时段里都好看又帅气。

在我母亲那个年代里，女性穿西装的很少，至少我从没见她穿过。我是毕业参加工作就开始穿西装的，一开始都是买套裙，上面西装，下面铅笔裙。后来发现不成套穿效果更好，于是就不再买套装或套裙，而是自由搭配。

我先生也曾有过穿着特别花哨的时期，那会儿的西装都是亮眼的颜色，红色、粉色、金色，都是年轻时他敢穿出去的，等到我们的女儿出生，他仿佛一夜之间成熟了许多，衣橱也开始返璞归真，西装只剩下灰、蓝、黑三色。

从家里两代男性的衣橱里，我看到了西装的迭代，不同的时代，不同的年龄，我们有对人生不同的阐释，也外化到我们穿着的衣服上。岁月流淌，衣服更替，我们一路在沉淀，在成长。

每个女人都应该拥有一条小黑裙

很多年前，可可·香奈儿小姐就告诉我们，每个女人都要有一条小黑裙，因为它能陪伴你去任何场合，穿上球鞋可以去逛街，踩上高跟鞋就能去聚会。是的，小黑裙就是这样一种存在。它可以优雅，可以经典，可以运动，可以很淑女，当然还可以很酷。那么这样一件神奇的小黑裙，看看谁的衣橱里还没有？

每当提及小黑裙，我脑海里最先想到的就是奥黛丽·赫本，想起在电影《蒂凡尼的早餐》中，她穿着纪梵希为她量身制作的黑色连衣裙出场，那个镜头成为了时尚界的经典。一直到今天。

小黑裙显瘦又百搭，还能让我们穿出与众不同的女人气质，或优雅、或灵动、或妩媚、或俏皮，就是这么一件简简单单的单品，到了不同的女人身上，就能穿出人生百态。

我的衣橱里当然也有这样一件小黑裙，不只是我，我母亲和我姐姐的衣橱里也有，我的女性朋友、同事的衣橱里也有。这条裙子有的"工作繁忙"，在春、夏、秋三个季节都能看到它的身影；有的则弥足珍贵，如一个标签或象征一般地挂在衣橱一角，一年只在充满仪式感的场合穿那么两三次。

我的小黑裙也经历了迭代。早几年它是公主裙式的，后背镂空、掐腰、膝上短款，刮一阵大风就需要用手捂裙子那种。后来不太穿裙子了，但是衣橱里不可能没有裙子，于是依然保留了一条小黑裙，特别简单的款式，腰侧有两个暗兜，我每次穿都会用手机、钥匙把它们塞满。我看一看小黑裙，就能总结自己这些年的性格蜕变，从锋利到温润，从严苛到宽容。

感受美，创造美

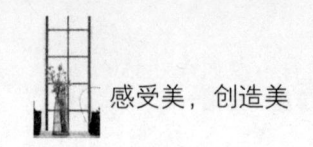

§我的一周衣橱

现在大多数人都在做着早九晚六的工作，其中很大一部分的公司会有不时加班的情况，通常大城市的通勤时间往返至少需要两小时，我们除掉睡眠和吃饭的时间之外，剩下的个人时间应该不超过四小时。那么，我们要如何节省每日挑选穿搭所需的时间，让自己的生活质量有所保证呢？我的做法是，在周末时就安排好下一周的所有着装。

找出自己的专属色系

我们因为年龄、肤色、身材等因素，所适合的颜色也有不同。所谓"远看色彩近看花"，说起穿搭，首先要学习的就是色彩搭配。我们平常看到觉得土气或怪异的搭配，大部分都是在配色上出现了问题。

比如我发现自己现在很难驾驭太亮的颜色，有一天我找出一件亮黄色的薄西服和一件天蓝色半裙，穿起来就怎么看怎么别扭。而当我把亮黄色换成了土姜黄色，天蓝色换成了藏蓝色，这种情况就得到了改善。而这种改善是因为我降低了衣服颜色的鲜艳度，让整体搭配更协调了。

在三十岁之前，我喜欢浅色系，例如白色、米色、浅粉、浅蓝和浅灰，并且我穿上这些颜色的衣服看起来青春又靓丽。我那时的皮肤晶莹剔透，白得像在发光，对一些条纹和碎花也完全能驾驭。但是我五官比较清淡，对于大朵花或者色彩碰撞比较激烈（如红配绿）的衣服，只在十岁前有尝试的胆量。

最近几年，我的性格越发沉稳，喜欢的颜色也变成了深色系，我有一系列藏蓝或墨绿的衣服，在穿上它们的一瞬间，我就觉得自己特别可靠，做事有条理和章法。这也是我所有朋友对我的第一印象。我的一周穿搭都包含在这一色系中，不花哨，也不单调。

我认为每个人都应该有自己的专属色系，不只女人该有，男人也应该有；不只青年人该有，小朋友或是中老年人也应该有。比如我先生，他目前的专属色系就是蓝色，他喜欢和我穿同色系的衣服，说那看起来让人觉得是情侣装。为此他还曾经尝试过绿色系，可惜实在不适合他，这才作罢。再比如我的女儿，她去年的色系是粉色，从头花到鞋袜都是各种深粉浅粉、暗格、碎花，我整天把她打扮成一个芭比娃娃。到了今年，她拒绝再穿粉色，于是我开始给她买各种黄色衣服，浅黄、嫩黄、娇黄，我以前都不知道黄色居然能细分出这么多种类。我母亲最近几年特别喜欢红色，尤其喜欢比较复古一些的款式，我给她买了不少对襟、盘扣、半旗袍的衣服，她看起来就像个民国时代的老太太，富态又慈祥。

两双鞋搞定所有场合

我知道有很多人喜欢收藏鞋子，我认识的一个"00后"小男生就是，他有一整面墙的鞋柜，里面摆满了各种品牌的球鞋，但是这些都是收藏品，平时根本不会穿。还有一些人喜欢买各种不同风格的鞋子每天换着穿，我记得有一年单位组织去东南亚海岛旅游，一位其他部门的姑娘光是沙滩鞋就换了七八双。

但是在实际生活中，尤其在一周的工作日穿搭中，我们大可不必准备太多

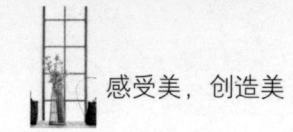

的鞋品，我觉得有两双鞋就足以搞定所有场合。一双肯定是高跟鞋或坡跟鞋，用于出席相对正式的场合或见客户，因为稍微有点跟的鞋会让我们不自觉地挺直脊背，整个人的气质拔高，给人以干练专业的感觉。

另一双则根据各人的不同情况，可以是平底皮鞋或是球鞋。比如像我原来在律师事务所工作，我们单位对着装有要求，不能穿休闲服饰上班，所以我就准备一双平底皮鞋，是那种特别舒服的软牛皮鞋，在办公室里奔波一天也不会累。后来我转行，公司就连上下班时间都要求不严，我就拿了一双球鞋放在单位，下班后想打羽毛球就十分方便。

我身边的很多朋友也一样，她们或他们的衣橱里甚至只有两双皮鞋，一双用于过冬，一双用于其他季节，他们会买漂亮又优雅的各式凉鞋，或者球鞋，成年人的穿鞋原则是：一定要让自己的脚舒服。

只要根据衣着选择好鞋子的颜色，尽量让它"百搭"，我们没有必要准备那么多"工作鞋"，像我一样一周只用两双鞋搞定所有场合，既节省了开支，又不违背断舍离的归纳原则，真不失为一个一举多得的好办法呢。

美丽的迷你"橱"世界

我家的衣橱这些年来一直在进行着"侵略战争"，而我则是这些战争的发起者。衣橱的最初分配比例是1∶2，也就是我先生占三分之一的空间，我占三分之二的空间，后来我的女儿出生了，我就在自己的空间里给她匀了一些位置。后来我的衣服日渐增多，我女儿需要的空间也越来越大，我们就开始侵占属于我先生的那一部分空间。用我们的话说，"男人，不需要那么大的衣橱"。

到现在，我先生在衣橱里占用的空间大概为五分之一，装不下的西服、衬衫

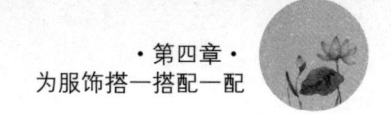

都被他挪到了办公室的衣柜。而我自己的衣橱空间里，有一块专门留给一周工作穿搭的地方，我称之为"迷你工橱"，里面专门放我在周末准备好的下周职业装。

"迷你工橱"里一般只有九件单品，包括一件外套、四件上装、两件下装、两双鞋。这九件里不包含配饰，配饰是可以按照每天的搭配随意添减的。而事实上，我没有耳洞，近几年除了手上有一只从来不摘的玉镯，就只有两条颜色百搭的丝巾。

我的观点是，如果想真正领悟穿搭这件事情，最开始要做的不是买新衣服，而是审视自己已经拥有的衣服，一件件地去认真搭配。其实一个人真正需要的单品并不多，在数量上做减法，在搭配组合和灵感上做加法，与服饰建立默契，用心去认识每一件衣服，它们也一定会越来越懂你。

第五章 来自生活的艺术之美

生活给艺术提供了土壤，而艺术则丰富了我们每个人的生活。林语堂先生曾在《生活的艺术》中娓娓道出了一个最高生活方式的样板，告诉我们如何行酒令、如何观山、如何玩水。事实上，我们未必都能达到那样，但是普通人的生活也同样丰富多姿、雅俗共赏。

感受美，创造美

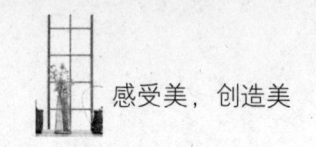

§ 生活美学成为全球美学新路标

1750年，德国哲学家亚历山大·戈特利布·鲍姆嘉第一次提出了美学的概念，到今天已有三百余年。百度百科上给美学下的定义说：美学是研究人与世界审美关系的一门学科。现在我们不去探讨那么深奥的专业名词，来谈一谈蕴藏在我们身边的生活美学。

在柴米油盐中保持优雅

优雅，必定伴随着从容的脚步、宁静的心，还有一双可以发现美的眼睛。在生活中，要保持优雅很难，因为大家总是在忙碌着。忙着谈判、忙着推销自己、忙着为下一代奔波积累、忙着期待周末和假期……我们要另辟蹊径地寻找那些隐藏在生活中的小美好。

如果我们无法用心体会柴米油盐中的诗意和浪漫，长久缺失爱与美的感受，就会让心灵枯竭，紧接着就会进一步影响一个人的容貌和气质，相由心生，这些老话自有它的道理。

有人说柴米油盐里哪有优雅可言？优雅不是应该属于琴棋书画诗酒花的吗？也不尽然，此一时，彼一时也。试问谁的一生全都是琴棋书画呢？那些诗文流传千古的大文豪，他们就不需要一日三餐吗？李白固然有他写"孤帆远影碧空尽，唯见长江天际流。"的豪迈瞬间，他不也要吃饭饮酒吗？可见不论诗人墨客，还是侠士豪杰，哪怕有再多的"高光"时刻，也终究要回归生活。

所以现在越来越多的人把发现、体会生活中的美学当成一种快乐、一种自我素养的提升，这些人不只出现在我国，也出现在世界各地，生活美学已经成为全球美学的新路标。

艺术来源于生活。所谓的琴棋书画，哪一种不与生活息息相关？我们在各自的人生里读书、交友、饮食、品茶、旅行、观花养鸟，我们活在当下，想要把人生过得快活又自在，这就是属于我们的生活美学。

一切都是最好的安排。我们从小听着母亲的摇篮曲入睡，这是乐；我们步入校园，学习知识，这是诗和书；我们与友人对弈，在心爱的人家楼下弹吉他……我们经历过一遭琴棋书画的洗礼，人生开始淡定从容，我们与柴米油盐为伍，在烟火中谱写人生后半场的华丽乐章。如果有人不承认这其中自有优雅，那是他们不懂我，也不懂生活。

被花香唤醒的清晨

花朵，常常带给我写作的灵感，更带来每天清晨睁开眼的美丽心情。早晨的第一缕阳光轻身一跃落在窗边的花瓣上，幽幽花香飘向鼻尖，或繁丽或素淡的色彩瞬间捕获我的双眼和心神，美好得让人沉沦的一天就此开启。

如果我们的一天都能从一瓶花开始，那我们一定会爱极了这一天的每一分每一秒。我不敢想象，家里如果没有花会让我失去多少乐趣。如果只从物质和实用的角度看，没有花好像也没有什么不同，我的生活依旧照常运转，但是我知道就是不一样了，我的灵感可能会滞涩，笔下的人物都不再活泼，我做的食物也许总

感受美，创造美

像少了点什么，就连我的睡眠质量都会大打折扣。

我记得在哪里看到过蒋勋先生写的一句话："这张桌子上如果少掉这盆花，其实没有少掉什么，可是也许就少掉了美。"

这些花朵，它们不能充饥，却可以让我们的心情时时充满营养。无论这朵花摆在案头还在盛开在大自然中，仿佛都有抚慰人心的作用。

我曾经不爱养花花草草，倒不是嫌麻烦，而是我总担心自己养不好，怕养不活它们，我想那毕竟是生命，我对自己没有信心，不敢担负起这样的重任。后来我被我母亲教育，她用最质朴的话对我说："你也说它们是生命，可是它们被拿来卖不能自主，如果交到你手里你就算养不好也会尽力，那万一到了摧残花草的人手里呢？再说，花草和人天生互补，你们共处一室，彼此能给予养分，一起存活。"

我深以为然。开始养我人生中的第一盆花。我的第一盆花其实是两盆，一盆是母亲推荐的仙人掌，她觉得这个品种比较适合入门者。另一盆是绿萝，是我姐姐的建议，她说这花号称不死花，如果我连它都养不好，也算有本事。

这两盆花养在阳台上，后来我发现绿萝哪怕分片叶子出来插在水里都能很快长得枝叶繁茂，于是从两盆变四盆，再从四盆变八盆，直到我家的每一个房间都绿意盎然。花的种类也从并不会开花的绿萝、仙人掌，扩充到君子兰、富贵竹、平安树和栀子花。每天在家里，无论忙碌还是闲暇，抬头间便可看到这些小小的生机，我的心情也随之充满生气和活力。

让音乐绕梁不绝

忙碌的一天结束后，回到家里吃完饭，不自觉地打开音乐的时候；伴着昏黄的街灯，独自听一首歌曲的时候；在街头偶然听到一首熟悉的旋律的时候，总会有一种感动涌上心头。但是生活中的音乐又岂止这些。

"滴答滴答……"是闹钟用动听的声音叫我们早早起床；"啦啦啦啦啦……"是音乐老师在教授我们一首新的歌曲；"叽叽喳喳……"是小鸟在我们送孩子上学路上留下美妙的歌声。生活中的音乐无处不在。我们每时每刻都在与各种各样的音乐为伴。日常生活里的音乐是生动的，只有当真正的音乐与生活结合在一起时，才能听到好的音乐。

我喜欢让家里充满音乐，所以清晨起床一定先打开音响，不拘是什么，有时会是优雅的钢琴曲或舒缓的大提琴曲，有时是民谣或流行音乐，伴着旋律拉开窗帘，整理房间，喝一杯蜂蜜水。眼睛和耳朵所到之处，充满了对新一天的期待。

工作时如果周围太嘈杂，我也会戴上蓝牙耳机，放点音乐，把自己与这个纷乱的世界隔绝开来，直到电话铃声响起时，才又被拉回到现实中。音乐就有这个魔力，能把人从现实拉到虚幻中，再从密闭时空拉回，光阴流转，时空纵横，我们在音乐的陪伴中度过这充满韵律的一生。

感受美，创造美

§生命节奏的"律动感"

我们说生命是一种律动，那么舞蹈就是把这种律动跳到了极致。这个地球上第一个跳舞的生物是类人猿，他们在175万年前的某个角落，围成一个圆圈跳舞，来表达自己喜悦的心情。这种表达方式流传至今。

从原始狩猎到情感表达

我国发现最早的关于舞蹈的记载，存在于崖画、岩画中，舞蹈的内容大致是狩猎、祭祀、男女相悦、图腾性质的拟兽表演，那时人类最基本的社会活动是劳动与繁衍，原始舞蹈深深根植于人类生活之中，反映出当时人们的生活现状。

我国的舞蹈与古老的中华文明共存，中华上下五千年的历史，每向前走一步，都有舞蹈的足迹。我们的文明由于舞蹈而灿烂多彩熠熠生辉，舞蹈以它独特的文化彰显出中华民族的生命与活力。

在古代，舞蹈用于求偶、用于祭祀、用于求雨、用于礼仪教化，到现代，舞蹈丰富人们的文化生活、增强身体素质、增强文化自信，它在社会生活中发挥着非同寻常的作用。

从我抱着女儿哄她入睡的摇动，到情人节我与先生在烛光下的漫步，再到小区广场每晚定时的广场舞，我们在人生的不同阶段，从婴孩舞动到青年，再从中

·第五章·
来自生活的艺术之美

年旋转到暮年,我们进行着生命节奏的律动,也在做着不同的情感表达。

舞蹈能激发人的潜力,能拉近人与人之间的距离。我记得大学有一个女同学,因为某些原因入学晚了一个月,她很长一段时间都不怎么和同学交流,把我们班长急得不行,三番两次跑来跟我们几个说:"你们没事多和她聊天,去哪儿也都叫上她,一定要让她感受到班级大家庭的温暖。"

于是那个周末,当有人提议去附近舞厅跳舞的时候,我们就把这个女同学也叫上了。那个时候的舞厅里学生特别多,大家也不会跳,就是瞎跳,主要目的是在震耳欲聋的音乐里扯着嗓子喊几声,以发泄学业繁重的压力。

加上提议的人,我们几个都属于肢体不协调的舞痴,真是去凑热闹的。在闪烁的灯光中扭了一会儿,不怎么爱说话的女同学突然说:"我想上去试试。"她说的是到场中央的一块空地上,一般都是有两把刷子的人过去展示两下,或者给大家领领舞。

于是这个女同学就到场地中央跳了起来,原来她真的会跳,而且跳得挺好看,我们围在四周给她叫好,巴掌都拍肿了。那天之后这个女同学就仿佛打通了任督二脉,成为了班上最活跃的人之一。而这一切,都缘于一支舞蹈。

生命形态的最高展示

我天生肢体不协调,所以除了广播体操能够达到要求,其他舞蹈一概不擅长。但是我喜欢看别人跳舞,也会经常跟着音乐摇摆一下,假装自己会跳。

我家里其实也没有舞蹈的基因,但是我姐姐从小喜欢艺术,她自己去少年宫里和老师学舞蹈,后来还学过一段时间基础武术。她在话剧团的时候,我们全家去看她表演,只见她在舞台中央凌空跃起,在空中打开一字马,我仿佛看到一

感受美，创造美

枝梅在严寒中盛开，"啪"的一声轻响，震得我两耳轰鸣。我第一次体会到舞蹈的魅力，我感觉那是生命形态的最高展示，是"昔有佳人公孙氏，一舞剑器动四方。观者如山色沮丧，天地为之久低昂"。

后来我做编辑的时候，有两年进行非物质文化遗产的专题片制作，当时接到山东三个关于秧歌的项目，我自己经手的是"胶州秧歌"。我们从前期走访开始，去见国家级非遗传承人，从他和当地文化馆手里拿到很多珍贵的照片、文字、录音和影像资料，我们看资料、查古籍、听传承人和专家的口述录音，一点一点地了解和整理出这项古老舞蹈的由来和发展，它源自什么时候，在哪里开始形成，经过了多少曲折坎坷才传承到今天。我们听着、看着，感受到了前人的智慧，这是文化的多元性和多样性，是人类文化遗产的重要组成部分。这些文化遗产，不只要让我们看到，更要让我们的后代传承下去。

舞蹈只是一个载体，但它又不仅仅是载体，它是人力不可到达时对未知寄予的渴盼；是陷入生存困境后采取自救的手段；等到海晏河清后生活无忧，它又成了人们表达喜悦之情最恰当的肢体语言。

传统与现代共生

舞蹈作为最能体现生命律动的精灵，既承载着中华上下五千年的文明，又与现代生活息息相关。它不需要多正式或专业，不需要我们穿上晚礼服，听优美的旋律响起才翩翩起舞。用心观察，我们就能发现自己身边处处透露出旋律之美。

小学体育课上，当我穿着冰刀鞋在冰场上歪歪扭扭地前行，这是属于我的儿童之舞；高中时，当我拿到第一笔奖学金一蹦三尺高，这是充满书香的少年之舞；参加工作后，打赢一场诉讼时我和同事在法院门口一边踢脚一边抹眼泪，这

第五章
来自生活的艺术之美

是信仰之舞；女儿出生时，先生情绪激动，在医院走廊见人就抱、状若疯癫，这是初为人父的责任之舞……我们每一天都在认真生活，也每一刻都在用心舞蹈。

我喜欢看各种舞蹈，公司里有三个"90后"的姑娘都很喜欢汉服，一次好像有什么汉服的比赛，她们便相约一起报名参加。那几天她们每天穿着不同颜色款式的汉服来公司，让我选哪套更漂亮，让全公司都大饱眼福。

比赛是周末上午，我们约了下午的剧本杀，我提早一点到了，看着三个风格各异的汉服姑娘一起向我走来时，我仿佛穿越到盛唐的长安城，看仕女们当街跳起了《霓裳羽衣曲》。忽然，中间那个最跳脱的姑娘上前一步，拎着裙摆开始跳街舞，于是那一点盛唐繁华如烟般散去，我在瞬间回归现实，看清四周人群汹涌、车水马龙。我爱这传统与现代共存的当下。

感受美，创造美

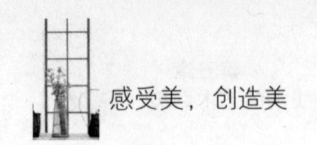

§"修禊"变身"雅集"

中华文化博大精深，从天文、历法、到乐律、地理、职官、科举、礼俗……我们终其一生也不一定能窥其万一。但这些都是老祖宗传下来的瑰宝，我们心怀敬畏，向往又期待，竭尽所能，希望能够继承和发扬。

修禊盛行的朝代

说到修禊可能大家还觉得陌生，但是上巳节相信很多人都听过。在我国古代，农历三月上旬巳日这天，有一个全民性的节日，叫上巳节，又称修禊节。这一天会进行登高、赏花、祈福、沐浴的活动。

修禊节开始于西周时期，承传秦汉，在魏晋南北朝和隋唐两宋时期流行于世，原为进行消灾祈福的仪式，后来演变成诗人雅聚的经典范式。汉代应劭在《风俗通义》中说："禊，洁也。"并将禊列为祀典。意思是春天是万物生长容易生病的季节，应在水上洗濯防病疗病。因此后汉祓禊还学古代用香草沐浴，去病患，除鬼魅，做祈禳。

既然是全民性的节日，说明当时人人都寄希望于这个节日，盼望风调雨顺、国泰民安。古时如此，现在何尝不是呢？当我们在面对人生的困境，就希望会有奇迹出现。美好的愿望人人都有，我们也时刻在努力，想要靠自己的双手去实现这些愿景。

我记得一个朋友那年去考一个非常难考的资格证书，她为此准备了一年的时间，看书、做题，挑灯夜读，废寝忘食，她的体重减了二三十斤，头发掉得发际线都要移到脑瓜顶。等待成绩的日子里她一直在对我说："我尽力了，真的尽力了。"我也暗暗为她祈祷，希望结果不要辜负她的努力和付出。

后来成绩出来，果然考过了，她兴奋地跑来对我说："看来祈祷真的有用。"我却反驳她："看来努力真的有用。"我们相视而笑。

是的。不论古代的修禊也好，现在的祈祷也罢，它都只是一个美好的愿望、一种精神的寄托。古人不会因此而不劳作，等着天上掉馅饼，他们依然勤劳勇敢；而作为现代人的我们也不会因为心怀期待而真的当"一条躺平的咸鱼"，我们只会加倍努力，为自己创造更美好的明天。

三月三日会兰亭

历史记载的最著名的两次修禊发生在会稽郡山阴城的兰亭修禊和长安城曲江修禊。兰亭修禊发生在公元353年的三月初三，发起人是王羲之。

王羲之在《兰亭集序》中言简意赅地记叙了盛会的时间、地点、人物，描绘了当时的自然环境和人物情状，由天朗气清而推及到宇宙万物的寥廓，关键在于生死的省思，以及由此生发的人生感悟。开篇就写到"永和九年，岁在癸丑，暮春之初，会于会稽山阴之兰亭，修禊事也"。

时任会稽内史的王羲之作为东道主邀请了四十多位文士，齐聚于会稽郡山阴城的兰亭，饮酒、写诗、观山、赏水，魏晋以来显赫的世族差不多都到齐了，魏晋旷达、清雅、飘逸、玄远的时代气质使得这次聚会不带一点政治色彩，只见曲

感受美，创造美

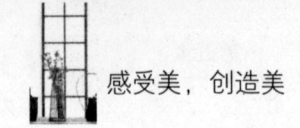

水流觞，只有饮酒赋诗。后来王羲之将各人的诗文汇集编成集子，并乘兴作出《兰亭集序》，其序文采灿烂，隽妙雅迪，书法更是遒媚劲健、气势飘逸，被后世推为"天下第一行书"。

这时的修禊已经失去祈福的本意，而成为文人雅士吟咏诗文、议论学问的集会，更趋向于雅集，兰亭修禊也可以看作修禊向雅集转变的分水岭。

自西晋以来，琅琊王氏家族一直是三月三日的修禊活动的领导者，主要是借此活动以展示家族在朝中的人脉关系及政治实力。当时年过五十的王羲之，已然是家族中最有成就、最有声望的人物，而由他召集的这场三月三日兰亭修禊，也代表着琅琊王氏家族所领导的修禊活动正在王羲之手上完成从政治走向文化的性质转化。

我们未曾生于那个时代，却可以从《兰亭集序》中见到它所描述的崇山峻岭、茂林修竹、清流激湍、流觞曲水，这些一样能安顿我们躁动不安的心灵。"虽无丝竹管弦之盛"，却"一觞一咏，亦足以畅叙幽情"。

我们仿佛也和与会诸人一起，面对大自然，心情舒畅，怡然自得，与天地万物融为一体，从而摆脱世俗的羁绊，获得到精神上的解脱，这大概是古代文人和我们殊途同归的当下之乐。

一切终将归于文明

历史的车轮滚滚向前，我们能在时光的记载里窥见前人的风采，就如王羲之在兰亭聚会之际，见万类之繁盛、山川风物之怡人，愈觉生之可恋，而慨叹岁月之不淹留。我们无法感同身受，只能稍稍体会一二。

有人整理了古代十次著名的雅集，兰亭集会榜上有名，另有西汉时梁孝王刘武发起的梁苑之游，三国时期曹丕、曹植主持的邺下之游，西晋石崇发起的金谷宴集，南齐竟陵王萧子良主持的竟陵八友，唐高宗时期阎伯屿发起的滕王阁宴，北宋驸马都尉王诜主持的西园雅集，元末顾瑛、杨维桢发起的玉山雅集，以及晚清陈衍主持的都下雅集。

我们看到时光跨越几千年，这些古人在不同的朝代、以不同的名目、看着不同的风景、写出不同的诗文，修禊也好，雅集也好，不过是人们传情达意的工具和载体，而一切终将归于文明。

我所在的城市秋季偏干，早上女儿穿衣服的时候起了静电，她望着窗外，抱起小拳头拜了拜，说："风伯伯雨公公出来工作吧，今天下一场雨呀。"我前几天给她讲中国古代神话故事，里面提到有施风降雨之能的风伯、雨师，女儿记性很好，现学现用。同样是一种美好的期盼，先人们锣鼓开道跳起商羊舞，而现代的孩子抱着拳头象征性地许一声愿，他们殊途同归、异曲同工。

感受美，创造美

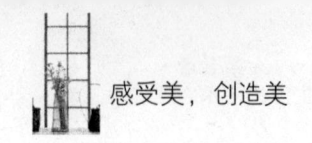

§书法并非纯艺术

前面提到王羲之的《兰亭集序》被誉为"天下第一行书"，其实我国的书法根据风格分类，除行书外，还有草书、隶书、篆书、楷书，共五大类，每一大类中又细分出若干小的门类，书法是中华民族一门传统而有特色的艺术，也是具有世界意义的东方文化门类之一。

从结绳记事到仓颉造字

五千多年前，文字被创造出来了，象征着黎明的曙光已经到来。当时的古人把文字刻在动物骨骸、金属、石头、竹简、纸帛上。有的字的线条沉重朴厚，有的飞扬婉转，有的肆意狂放，集中体现了每个时代的美学。

文字是人类文明的一大进步，这也是人类长时间坚持不懈努力的结果。刚开始，古人在绳子上打上不同数量、不同样子的结来表达特殊的意义，这就是结绳纪事的由来。

对此，我国古代神话有了更为生动的记载。传说中，仓颉是黄帝的史官，他想记录下当时的重大事件，但由于没有文字，记录工作难以进行下去，因此他便想要创造文字。他按照鸟兽的脚印，用小树枝在地上画出一些日常生活中常见的事物，并让路人加以辨认，还将这种方法推广开来，于是，汉字就诞生了。

·第五章·
来自生活的艺术之美

在中华文明史上，商代是中国书法起步的时期，后来发展为西周书法、春秋战国书法、秦汉书法、魏晋南北朝书法、隋唐书法、五代两宋书法、元代书法。其实书法不是严格意义上的艺术，它来源于生活，古代文人读书科举，难免对字体有所要求，所以从启蒙读书时就开始练字，天长日久，书法也自然练成。

我第一次和书法结缘大概在四五岁的时候，有一天爷爷忽然问我要不要写毛笔字。我的爷爷是位儒商，身上有着与生俱来的文人气质，他的书房里有一张巨大的写字台，上面摆着文房四宝。我记得小时候由于身高不够，要跪坐在椅子上才能够得着桌面，爷爷手把手教我写"天""地""人"，现在回忆的话大概是楷书或隶书，可惜我太小了，新鲜了三天就把毛笔一丢出去疯跑了，否则一直练习的话是不是能写出一手漂亮的簪花小楷呢？

没有学成毛笔书法的我在钢笔书法上下了一番功夫，我学习所有在生活中遇到的好字体，自创了属于自己的风格，每次写字都能让我静下心来，停一停奔波的脚步，感受生命的春色。有人形容写字时行云流水、龙飞凤舞，这正是书法之美。

笔酣墨畅的恬淡人生

我爷爷曾说写字能磨练一个人的心性。我想他指的应该是毛笔字。写毛笔字要求人要保持身体挺直，手肘抬高，手腕悬空，长时间保持这个动作很考验人的体力、耐力和毅力。我女儿五岁的时候，我突发奇想，让她学毛笔字，没想到她还真的喜欢，一直坚持练到今天，水平肯定早已超过我，过年时我家、我母亲家、我姐姐家的福字都出自她的手笔。

今年开始，我在书房里给她辟出一角，摆了适合孩子用的桌椅，在小书桌上为她准备了一整套的笔墨纸砚，我也并不想培养出什么书法家，只想让我女儿通过练习书法养成良好的习惯，获得一些启迪，日后能安然度过属于她的恬淡人生。

相传东晋时期，还没有兰亭修禊的王羲之来到天台山。天台山自古以古、幽、清、奇为特色，风景神奇秀丽。王羲之被这神奇秀丽之景深深吸引住了，于是便在这里住了下来。他尽情地欣赏着天台山的日出奇观和云涛雾海，这些山光胜景激发了他的书法创作欲望，于是他不停地练字。虽然他用来洗笔的池子已经由澄澈清碧而被染成了墨色，但他仍然对自己的字不太满意，这时他遇到一位自称白云的老人，教他一个"永"字，助他领悟，王羲之最后终有所成。

写一手好字还有让人意想不到的收获。我有个舅舅从部队转业后去了地方上班，因为字写得好被单位宣传科"借"去写黑板报。有一次其他单位组织人去他们那里参观，这个黑板报被无意间发现，大家都夸上面字写得好，他们单位的领导一时兴起就让人把舅舅叫去和大家认识一下，参观单位里面有一个漂亮又大胆的姑娘还主动向舅舅要了联系方式。后来，这个姑娘就成了我的舅妈。

形声相益谓之字

我的四五岁和我女儿的四五岁只有练习毛笔字这一点重合之处。我记得自己从"天""地""人"开始写一些简单的汉字，一笔一笔描摹在九宫格的练习簿上。我小小的手还拿不稳笔，爷爷端来一把高凳，坐在我后面，用他的手握着我的手。

毛笔笔锋游走，实际上是在爷爷有力的大手控制下移动。我看着毛笔的黑墨，一点一滴，一笔一画，慢慢渗透填满红色双钩围成的轮廓。爷爷的手非常有力气，非常稳定。我偷偷感受着爷爷手掌心的温度，好像我对书法最初也最深刻的记忆，并不是写字，而是与爷爷如此温馨的相处时光。

童年的书写时间其实很短，那也是我最早对"规矩"的学习。"规"是曲线，"矩"是直线；"规"是圆，"矩"是方。大概只有在汉字的书写学习里，包含了对一生为人处世漫长的"规矩"的学习吧。学习直线的耿直，也学习曲线的婉转；学习"方"的端正，也学习"圆"的包容。

我在那短暂的几天书法课里，学习写了自己的名字。很慎重地，拿着笔，在纸上，一笔一画，仿佛在写自己一生的命运，凝神屏息，不敢有一点大意。我名字里的"立"字，爷爷说是希望我做人顶天立地，立身以立学为先，立学以读书为本，他的话让我对自己的名字产生了一种敬畏感。

到我陪我女儿写毛笔字的时候，气氛逐渐走向欢脱，她有一颗充满好奇的小脑袋，总是问各种不能称之为问题的问题。"毛笔为什么不用我的头发做？""太爷爷教你书法时拍没拍照片？""我趴着写行不行？"我仿佛提前感受了一下家长辅导孩子写作业的"幸福"。

感受美，创造美

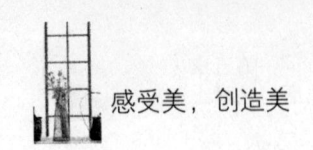

§ 雅俗共赏的茶文化

中国有着悠久而灿烂的茶文化，从栽培茶树开始，中国人逐渐懂得了茶的故事，种植茶树，采摘茶叶，制作成茶，品鉴茶水等，慢慢地把茶叶、水等融入日常的生活中，将其作为一种感悟人生的方式。一种生活的艺术也由此形成。

千载话茶香

茶源于中国，自古以来，一向为世界所公认。唐代陆羽著《茶经》，标志着中国茶道第一部系统、完整的理论著作问世。

关于茶的起源时间，民间有很多传说。有人认为起源于上古，有人认为起源于周代，也有人认为起源于秦汉、三国、魏晋、唐代等。造成这种现象的主要原因是唐代以前的史书中无"茶"字，而只有"荼"字的记载，但是茶始于神农的传说的确是存在的。"神农尝百草，日遇七十二毒，得荼而解之。"这是关于茶最形象的传说。

古人以茶养廉、以茶修德、以茶怡情，时至今日，饮茶更是成为了现代人的一种生活方式。古人对喝茶有不少雅称，如品茗、饮甘露、沏香茗等，唐朝著名诗人白居易也在自己的诗中写道："坐酌泠泠水，看煎瑟瑟尘。无由持一碗，寄与爱茶人。"

中国不仅最早发现茶，而且最早使用茶。在浩繁的古籍中，有关茶的记载不可胜数。《尔雅》载："槚，苦荼。"《尔雅》据说为周武王的辅臣周公旦所作，如果真是如此，那在周初便正式用茶了。《华阳国志》亦记载，周初巴蜀给武王的贡品中有"芳蒻、香茗"，也是把中原用茶时间定于周初。茶原产于以大娄山为中心的云贵高原，后随江河交通流入四川。武王伐纣，西南诸夷从征，其中有蜀，蜀人将茶带入中原，周公知茶，当有所据。以此而论，川蜀知茶又当上推至商。

我姐姐就爱茶。在爱茶之前她疯狂喜欢喝咖啡，家里光是大大小小的咖啡机就有四五个，开始的时候她喜欢买回咖啡豆自己磨，也会倒一杯给我尝尝味道如何。我当然尝不出来，我最多能说出哪种微酸、哪种偏苦，如果一定要选一种的话我就选那个苦的。后来她开始爱茶，还专门跑到云南去学习茶道和制茶，她带回了很多不同年份的普洱茶饼，其中有一个是她亲手所制。我依然喝不出什么区别，只能说出生普洱有点硬，晚上喝完会失眠；熟普洱很温和，喝着胃里很舒服这样的感受。

我不懂茶，但我也知道喝绿茶能抗菌降脂，喝红茶能提神生津，闲时饮一杯茶，沉淀世间浮华，闻芬香肆意，独享淡泊时光。

茶艺术的品与尝

茶最早是以食物的身份走入百姓生活的，尤其是在物资极度匮乏的原始

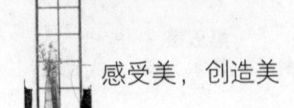

社会，茶更是一种饱腹之物。后来随着人类文明的发展，食茶也逐渐成为一种风俗，甚至在一些地区形成了食茶文化。中国有着悠久的食茶历史，无论是历史文献还是民间的各种传说中都有相关记载，这也是茶文化形成的铺垫。

我国的基诺族、傣族、哈尼族、景颇族、布朗族等许多少数民族至今仍保留着食茶的传统。茶的一些药用功能也一直为人们所看重，充分发挥茶的保健与养生功效的茶疗也渐渐以其独特的魅力受到人们的青睐。

魏晋以茶养廉，现代更是以茶会友，茶文化正势不可挡地取代酒文化，成为健康社交的风向标。我以前是最不愿意见客户的，之前做律师如此，后来当编剧更是这样，只要说起谈合作，大家首先想到的都是饭局，仿佛不推杯换盏一下就打不赢官司、写不出好剧本。后来有一次，原来学校的老师想带我们做一个项目，是关于廉政的几百集剧目，我们大概四五个同学跟着老师一起去见制片方，对方宽敞的办公室中央是一个硕大的茶桌，我们团团围坐，等主人分茶。大家一边谈着项目内容一边喝着茶水，真是沁人心脾。从那之后我就再也不排斥见客户了。

单论茶艺术涵盖极广，招待什么样的人适合什么样的茶，什么茶适合用什么茶具，要怎么洗茶，壶口朝向，茶水倒几分满，客人喝前应做什么、喝后该有什么手势，茶壶怎么养，哪里盛产什么茶，什么地方出的茶壶好……如果是一个爱茶又懂茶的人，比如我姐姐，能坐在那里不停歇地讲三天三夜。茶之一道，"饮罢佳茗方知深，赞叹此乃草中英"。

·第五章·
来自生活的艺术之美

下午四点的美好时光

无论在哪里，在做什么，到了下午快四点钟的时候，内心总会有"下午茶时间到了"的提醒，这是一天中最具美感的放松时刻。好像有首民谣这样唱："当时钟敲响四下时，世上的一切瞬间为茶而停顿。"

喝下午茶的习惯是在律师事务所养成的。最早带我的是位优雅又干练的女律师，她工作时风风火火，对我也极为严格，但是她有一个雷打不动的习惯，就是每天的下午四点所有事情都要为下午茶让路，据说这是她在英国留学时养成的习惯。

记得我刚被分到她手底下时，对工作还摸不到一点头绪，有一次一个特别着急的民事诉讼下午要开庭，上午时她让我去复印厚厚一摞案件资料，复印过程中一直有其他同事过来，他们看我是新来的就都要求加塞，因为他们的资料基本都是几张，我也不好意思拒绝。结果其中一个人不小心把我的复印资料带走了两张，而我没有发现。下午的庭审紧张而又肃穆，轮到我们提供证据时我的失误显露出来了，当时主审法官还朝我的主管律师笑着问了一句："这助手是新人吧？"我无地自容，直到出了法院都没敢抬头。我当然受到了一顿劈头盖脸的训斥，主管律师的脸看起来比我小学教导主任还要严厉。这时就见她低头看了一眼腕表，忽然说："走吧。该喝下午茶了。"

我整个人都懵了，挨骂还能中场暂停吗？我跟着她去了附近的西餐厅，点了一壶锡兰红茶和两块奶油草莓蛋糕，主管律师一边优雅地喝着茶一边说："喝吧，

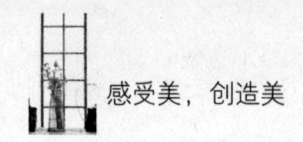

别想那么多,等休息够了,该骂的我一句也不会少。"

后来我没有再犯过同样的错误,但是让我警醒的从来不是主管律师严厉的批评,而是那个阳光明媚的秋日午后,那壶暖胃又提神的锡兰红茶。

§"微时代"：小、快、即时的美学

最近几年，以移动互联网为代表的新科技发展迅猛，对社会生活造成了不小的触动。一种更为碎片化、快餐化、泡沫化、平面化，同时却更为开放、更为多元的语境逐渐生成——这一全新的文化趋向，构成了我们今天的"微时代"。

信息时代的美学

对于微时代的微，不同的人有不同的解读。有人认为它是微信、微博的微，有人觉得它是微电影、微小说的微，还有人认为它是微小、缩微的微。不管哪种解读，有一点很清晰，不要以常规眼光看待它。它一定是快速、依靠信息技术并按比例缩小的。

这是一个信息的时代，这个时代的美学小而精、快速、不可延迟。这是一种新兴的文化形态，正在潜移默化间重新定义着我们的生活，"微"已经成为理解我们这个时代的一个关键词。

我对此深有感触。就拿工作沟通来说，从最开始的以邮件方式到 QQ 再到微信也不过只有十年时间；人们如果想知道某些社会新闻已经不再依赖电视或报纸，而是习惯性地打开微博或朋友圈。传统的事物总是会有一些规则、要求、工序的限制，而新工具不同，它们的特点就是快，有时候拍张照片、写两句话就可

以发出去，连有错别字都不在意。

我其实是一个比较传统的人，对新事物的接受时间永远比身边的人长，有朋友说我这是反应迟钝的表现。可是当我接触到信息时代的产物，感受着它们带来的便捷后，我也会沉迷其中。记得有一次坐飞机去海南，邻座是一个说话温柔的姑娘，她很健谈，告诉我她是台湾人，她的父母现在定居在海南，所以她每年都要往返两地好几趟。她说她特别喜欢美食，还问我住的城市有什么好吃的东西，我也是个老饕，话匣子打开就收不住，我们聊了一路，到目的地时她还意犹未尽，和我加了微信，然后说："你给我一个地址，我给你写信呀。"我当时恍惚了一下，好像参加工作后就很少再与人通信了，这种最古老的传情达意的方式几乎已经在我的生活里销声匿迹了，而我竟然毫无察觉。我不知道这算不算时代进步带来的副作用。

然而我们也并没有摒弃传统的行为方式，我与那个邻座的姑娘至今还在用最传统的方式沟通——鸿雁传书；节假日的故宫依然人满为患，一票难求；我女儿正对书法产生着浓厚的兴趣，我的父亲和先生也还保持着阅读纸质书的习惯。这是社会发展下传统与现代碰撞的结果，也是最完美的共生方式。

"微托邦"的产生

乌托邦这个词出现的时候我还小，还装模作样地和小伙伴们讨论一番，最后盖棺定论地说：乌托邦就是幻想国，我想要什么那里就有什么。

我的幻想国只存在于脑海和内心，而新的"微托邦"却已经到来。我们通过信息科技似乎可以解决所有生活问题，我们的衣食住行都能在手机、电脑里通过网络获得，很多人开始足不出户地宅在家里，我们仿佛已经在享受乌托邦没有带给我们的一切便利。

曾几何时，我们的文化和美学是以"大"为特征、为追求的，"大"成为备受推崇的发展方式、文化诉求和美学理念。我们的音乐大气磅礴，我们的舞蹈大开大合，就连我们的影视文学作品都体现着一个大时代的大国形象。

但是所有的大都是由无数的小组合而成的，与此同时，后工业、后现代社会的来临却让我们发现了"微"的魅力和"小"的美好，而互联网技术的飞速发展更是把我们带入了微时代，为微文化插上了迅疾发展的翅膀。我们逐渐体会到，"微"其实是一种更为亲切、随和、个性化和人性化的生活样态和文化风格。"微"可以让我们放松，可以让我们从容，可以让我们回归自身。"微时代"的来临带给我们会心的微笑，给我们无"微"不至的关怀。

"微时代"张扬个性，"微"文化崇尚自由，"微"美学青春活泼。从博客的铺张到微博的简约，就顺应了微时代的从简之风；从短信的单向传输到微信的共时互动，更顺应了微时代的沟通新潮。似乎德国经济学家舒马赫提出的"小的就是美的"原则正在成为现实。

我女儿这代人接受微时代的速度要远远快于我和我先生，而我母亲则对微时代的概念模糊不清，我姥姥对此的唯一看法可能只是"这是一个名词吧"。姥姥是从旧社会走过来的人，母亲经历过计划经济时代，我处于新旧交替的分界点，而我女儿连对旧这个字都很陌生。这是不同时代发展的结果，是社会前进的必然，我们只需在新潮与传统之间找好平衡。

让审美回归巅峰

生活美学的时代，其实就是"审美民主化"的时代，是"与众乐乐"，是

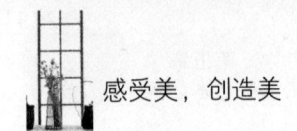

"人人都是艺术家"。比如前几年开始兴起的"微电影",其创作就是从生活中直接取材,它可不是小打小闹的家庭视频,而是经过精心构思剪辑与后期软件制作,再经由朋友圈或微博群发布出去,有机会成为大众日常生活的"审美记忆"。

微时代的小、快、即时美学如此受欢迎,有一个现象却让我们不得不重视,那就是大众传播愈广,审美愈普泛化,生活愈民主化,而审美和文化也不可避免地愈加"虚薄"。

何为审美的薄?首先是传播的扁平化。每个网络和手机终端都已成为传播节点,传者与受者的角色划分变得模糊,他们可以相互转换并身兼双职,整个传播过程都呈现出"去中心化"的趋势。这时的审美接受标准是点击率与点击量的市场考虑,"劣币斥良币"的规则开始广泛应用。微时代的大众审美有向低俗化发展的趋势,社会上存在着排斥与驱赶优雅趣味与小众审美的现象。其实我们都知道,更健康的生态一定是大众与小众审美同时并存与良性互动。

再说审美虚的一面。随着微时代的文化被大众独霸,文化传播不再是自上而下,而是扁平化的横向传播,这就导致品质的降低与数量的增大逐渐形成正比。用更简单的话来说,那就是数量在取代质量,审美品质在被抽空。

很多人意识到了审美的退化,并积极地以自己的方式"拨乱反正"。我们欣赏"小",但不妨碍以小见大;我们追求"快",但快而不乱;我们推崇"即时",但也不摒弃谨慎、斟酌和思考。我们从不曾失去审美的能力。

§现代宫、商、角、徵、羽

我们常常用某种方式表达自己的情绪变化,大喜、大悲、愉悦、幸福,我们把它们诉诸文字,也把它们融入音乐。人的喜怒哀乐悲恐惊通过感官感知着,发于内而显于外。如果有音乐作添加剂,这种情绪就会马上进入角色,而且更为浓烈。

手挥五弦易

在寂静的夜晚,四下无声,只闻虫鸣,独自一人或坐或卧,在思绪缭绕的环境里,读一本书或品一杯茶,闻着窗边的花香,耳边是丝竹之声,在那或低沉、或高昂、或优美、或恬静、或疾徐有致、或舒缓自如的氛围里,进入音乐与心灵的对话中。

前段时间读文人风骨的书,第一个就是嵇康。嵇康之死无疑是一个旷古奇冤,而他的不幸遭遇,反过来又增强了嵇康人生的玄幻色彩,不仅成就了"竹林七贤"这一佳话,也为那段沉重的历史涂上了一抹凄美、悲凉的情调。一曲《广陵散》响彻千年,夹杂着诸多莫名的情怀,在中国士人的心灵上投下一片阴影。"嵇博综技艺,于丝竹特妙。临当就命,顾视日影,索琴而弹之。"当一个千年前

的文人，即将蒙冤赴死，他不曾给家人朋友留下只言片语，却以一首琴曲表达自己愤慨不屈的浩然之气。

这是能写出"目送归鸿，手挥五弦"的魏晋名士，至情至性、铁骨铮铮，他留下的乐论，是中国文化历史上的绝唱，是华夏文明的重要一笔。

我的父亲曾经想培养我和姐姐，他觉得姐姐手指纤长适合弹钢琴，又让我选一样喜欢的乐器，当时正是吉他开始流行的时候，我凑热闹地选了吉他，后来我的要求很快得到满足，姐姐却直到今天也没得到她的钢琴，因为两样乐器的价格相差实在巨大。

我那时太小了，大概小学三四年级的样子，我根本没有力气压住琴弦，学得十分艰难。后来老师知道了，还让我在班级做了一次公开表演。为了表示我学得不错，那天我的左手一直凌空悬在琴弦上方，只用右手弹着和弦，好在我的歌声还算动听，弥补了一点缺憾。

我姐姐成年后热衷于不同的乐器，最开始是萨克斯，后来换成了琵琶，最近几年又迷上了古琴。我在她那里听着同样的音符从不同的乐器里发出，品味着音乐的多元化，感受着我们生活的世界的神妙。

从乐府到华章

乐府是汉武帝时期设立的音乐机关，其职责是采集民间歌谣或文人的诗来配乐，以备朝廷祭祀或宴会时演奏之用。汉乐府也是继《诗经》之后古代民歌的又一次大汇集。

第五章
来自生活的艺术之美

我们一直强调，音乐不仅仅是一种陶冶情操的载体，更兼传情达意的职能。比如被称为"乐府双璧"的《孔雀东南飞》与《木兰诗》，就分别叙述了一个完整的故事，有情人难成眷属，女子代父从军，音乐里面自有悲观离合、人生百态。

现代音乐则更为庞杂和多元化，我去听过理查德·克莱德曼的钢琴演奏会，体会着《给爱德琳的诗》的旋律的婉转悠扬；也去看过京剧《沙家浜》的舞台现场，聆听艺术家表演的慷慨激昂；还听过《歌剧魅影》，感受不同国家的人的爱恨情仇。尤其当国歌的旋律响起，不论何时何地，我必然停步肃立，目光投向远处的天空，仿佛那里有火一样红的旗帜正在升起飘扬。

古时的音乐是雅韵，现代的音乐则是华章，我在做非物质文化遗产项目时遇到一个快要失传的剧种，叫"四明南词"。两位传承人都是七十多岁的老人，我们去录教学和实践片时，那位女老师会化上浓妆、穿上旗袍，头发梳得一丝不苟；那位男老师则会穿上他最喜欢的大褂，表情庄重地坐在桌旁。他们都曾是千挑万选出来的学徒，一辈子执着于这门技艺的传承，不管受到多少挫折，一片痴心不改。音乐响起，人生继续。

我喜欢接触这样纯粹的人，或者说我更敬佩他们，七十几岁的人，一辈子经历过多少风雨坎坷，一开口嗓子还是那么响亮，一抬手琴声还是那么悦耳悠扬，这一定是几十年如一日地保护嗓子和双手，不间断地练习唱功和琴艺才有的结果吧。

感受美，创造美

那就交给音乐吧

生活中有很多时候，我们疲惫、无奈，或者欣喜之情无以言表，此时何以表达？恐怕唯有音乐。考上大学、拿到驾照、获得荣誉时，遇到挫折、夜不能寐时，听听音乐吧。按下播放键，听旋律响起，"和所有的烦恼说拜拜，和所有的快乐说嗨嗨"，每一天都变得无限精彩。

音乐带给我最大震撼的时刻，是在视听语言老师上的一堂关于电影音乐的课堂上。他给我们放了一部电影开场大概五分钟的音乐，其间配合一些画面，没有一句文字的解说。老师说这是久石让做的电影配乐，整首曲子大气磅礴，有史诗般的震撼力，又极富感染力和诱惑力，这是我们在连电影名字都不知道的情况下，仅凭音乐对电影的完美解读。

紧接着老师又放了另一部电影的开场音乐，我记得主人公是金城武扮演的，画面里只有黄昏的街道，他在街角点燃一支烟。老师把我叫起来提问，说如果只听音乐，我能猜出这部电影讲什么吗？于是我把音乐告诉我的东西统统说出来了，我说这大概是一个生活在社会底层的人，他想要挣扎却无力反抗，只能日复一日地沉沦其中。老师说，看到了吗？这就是音乐的魅力！在一句台词也没有的情况下，我们能看懂电影要表达什么。

我父亲脾气急躁，有时候生气能持续几天，他年纪大了以后我们就不太敢惹他。有一次他又因为一点小事和我母亲吵架，自己坐在一边生闷气，空气当时都凝固了。恰好我女儿在用我的手机听音乐，她不小心把耳机碰掉了，手机里顿时传出几句京剧的唱腔：我本是卧龙岗散淡的人……

第五章
来自生活的艺术之美

　　我本来吓了一跳，很怕女儿惹得她姥爷更生气，谁知道父亲扭头看了女儿一眼，忽然朝她招招手说："宝宝到姥爷这来。"然后抱起女儿进了书房，边走还边嘀咕说："姥爷带你看好东西。不理这些讨厌的人。"见他给自己找了台阶下，我们都松了一口气。于是我也给音乐的"功劳薄"又记上一笔：能化干戈为玉帛。

感受美，创造美

§请与我手谈一局

相传棋起源于"三皇五帝"时期，尧舜为了安抚他们各自的嫡长子丹朱和商均而发明了围棋，因为当时实行禅让制度的缘故，丹朱和商均不能登上帝位，亲演国家历史，故用围棋来模拟演化，以满足他们。值得一提的是，丹朱日后成为了中国围棋界最早的"棋圣"。

从文人四艺到局罢凭栏

说起中国古代的棋，包括文人四艺中的棋，大抵讲的是围棋。围棋本来是一种竞技性游戏，当这种"技"与"戏"更多地与精神的愉悦、人生的解悟联系在一起时，也就具有了审美的意义。

自汉班固撰《弈旨》以来，中国围棋留下了丰富的美学遗产，且不少都是文人所为，如马融、沈约、皮日休、苏东坡、王世贞、袁枚、李渔等。喜欢棋，不一定喜欢下棋，也不一定棋技高超，比如苏东坡就喜欢观棋，据说可竟日不厌，也因此写出了"不闻人声，时闻落子。纹枰坐对，谁究此味。"的诗句

我家里唯一好棋的是我父亲，他退休后沉迷于此不可自拔，每天拎上一大壶水就出门，像上班一样早出晚归，下一整天棋也不觉得累，有时候饭都想不起来吃。据说那帮和他下棋的老头儿都这样。

第五章
来自生活的艺术之美

他们下的是象棋,并且我父亲不会围棋。我曾经想让他多掌握一门技艺,觉得可以触类旁通,就买了一套材质不错的围棋送他。后来这套棋成了我和女儿下五子棋的工具。我和女儿的棋技都有待提高,每每把棋盘下得一团乱,用我先生的话说就是"简直没眼看"。

古人下棋自然不是这样。古人讲究"观棋如观人",从一个人下棋的表现就能看出他的人品心性。棋局如人生,每逢对局之时,都应将人生积蕴的才华在棋盘上充分展现。棋子不整形,只攻不守,那早晚要溃不成军;生存状态不调整,只追求外在的物欲,那反而会伤了内在的真元。守是为了攻,沉静是为了发挥生命的更大优势,以合自然之道。

围棋中具有非常丰富的中国文化内涵。棋子是圆的,所谓"天圆而动",棋盘是方的,所谓"地方而静",暗含"天圆地方"的思想。围棋是古人智慧的结晶,就连朝廷都对此十分重视,自唐朝开始就专门在翰林院设置了"棋待诏"的官职,用以招揽围棋高手。

闲敲棋子落灯花

魏晋时期崇尚清谈,棋风更盛,人们把下棋称为手谈。手谈一局,既是文人士子的交流方式,更是以棋会友的行动准则。

唐代曾经流传着这么一个故事:王积薪,我国唐代围棋大国手,是当时著名的"棋待诏"。他下围棋成名后,并不以名家自居,每次外出游玩,身边总带着一个竹筒,里面放着棋子和纸画的棋盘。他常把竹筒系在马车的辕上,途中不管遇见谁,哪怕是平民百姓,只要会下棋,都要下马与其对弈一盘。谁要赢了他,还可以享用他款待的一顿佳肴。他更是根据前人和自己的实践经验,总结出围棋

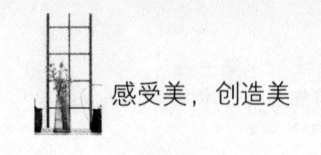

《十诀》。

当我在书上看到这个故事的时候,就忍不住想和先生探讨一番,于是就问他:"这件事告诉我们什么道理呢?"

先生说:"既然是向人请教棋技,王积薪一定是请对方先手,而将自己处于观察的位置。那么他就可以根据对方的走势分析他的布局谋划,从而随时调整自己的战略。这件事告诉我们的道理就是,遇事不要冲动,要先观察、分析,最后一步才是行动。"

虽然只是随口一说,但我觉得他的分析很有道理。我想起一个从前的同事,为人很好,能力也不错,可惜因为办事冲动给自己造成了很大的困扰。

那是在律师事务所的时候,那个同事和我在同一个团队,负责诉讼类的工作。一次所里来了不少实习生,我们团队分到了两个,刚好一个男生一个女生,秘书随口就把女实习生分给了这个诉讼同事,他可能是觉得带女助手做诉讼类工作不方便,张嘴就说:"怎么给我分个女生,怎么想的!"一句话让女实习生和秘书脸色都不太好看。

后来有一次他带女实习生去参加顾问单位的董事会,中途离席接了一个电话,漏听了一处比较关键的信息,在针对其中法律问题进行分析论证的时候,女实习生明明把自己记录的会议要点给他看了,他却不以为意未做参考,导致他的分析也漏掉了那个关键点。顾问单位委婉地表达了不满,并把这事通报了我们团队主任。

诉讼同事理所当然地挨了主任的批评,尤其看到女实习生的会议记录里特意标红的那条他遗漏的信息。后来女实习生没有留在我们团队,却被隔壁团队挖了过去,她的个人能力还挺强的,主任把这个损失也记到了诉讼同事的头上,很长一段时间没给他好脸色。

人生如棋落子无悔

其实到了现代，棋的种类不只围棋和象棋，还有军棋、跳棋、五子棋和飞行棋等。这些棋有的是双方对弈，比如围棋、象棋；有的则多方对弈，比如跳棋、飞行棋。不论哪种都终归是场博弈，与他人，与世界。

人生如棋，无论何时都不要轻易言败。只要还有一兵一卒，就要全力拼搏。面对困境，要百折不挠，切勿知难而退。以少胜多，以弱胜强的例子比比皆是。只有走好最后的棋路，把每一颗棋子下得精彩，整个棋局才会精彩。

古人说："棋，有天地之方圆象，阴阳动静之理，星辰分布之序，风雷变化之机，春秋生杀之权，山河表里之势，世道之升降，人事之盛衰。"品棋如品岁月，走棋如走人生。我们一生的道路很长，其间会经过无数个岔路口，每一次的选择都应小心谨慎，一旦决定就要一往无前。落子无悔既是棋品，也应该作为我们人生的态度。

我和先生从来不给女儿讲什么大道理，因为她还不到能够理解大道理的年纪，我们只是规范自己的一言一行、一举一动，让孩子看到大人是怎么做人做事的，耳濡目染之下，她自然就有一套行为标准。

感受美，创造美

8 从"涂鸦"到"装点"

中国的绘画史可以追溯到上古时代，伏羲画卦应该可以算作绘画之先河。最初的绘画是画在陶器、地面和崖壁上的，后来才逐渐发展到画在墙壁、绢和纸上。画中山水是静的，一丘一壑都寂静无声；而人物、花鸟又是动的，动静相宜，跃然纸上。

春山一路任鸟啼

中国古代绘画最有代表性的当属汉画和宋画。汉画反映的是中国前期的历史，时间跨度从远古直至两汉，地域覆盖从华夏故土辐射到周边四夷、域外多国。汉画内容庞杂，记录丰富，特别是其中那些描绘神话传说、历史故事、生产活动、仕宦家居、社风民俗等内容的画面，所涉形象繁多而生动，被今天许多学者视为一部形象地记录先秦文化和秦汉社会的百科全书。我们耳熟能详的毛延寿、张衡、蔡邕就都是汉代画家

宋画则不仅注意形似色彩，且趋重于气韵生动；不专为实用装饰，也耽自然玩赏。当时各种画派并出，成一代风尚。北宋王希孟的《千里江山图》、张择端的《清明上河图》等画作更是我国古代的艺术珍品。

到了近现代，绘画名家更是层出不穷，齐白石、徐悲鸿、张大千等人都在中

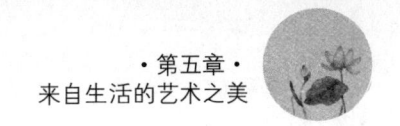

国绘画史上留下了浓墨重彩的一笔。

我不懂画,只是有自己评判好不好看的标准,我喜欢传统的水墨画,觉得山水人物、世间冷暖都在黑白的纸端。而我女儿喜欢油画,她对色彩繁丽的东西一向有好感。我先生认为这样刚刚好,他说女儿生来就是为了和我互补的。

家里也是有人学绘画的,是我姐姐。她会想学所有她感兴趣的东西,书法、茶道、武术、乐器、瑜珈、中医,她的学习之路永无止境,她也永远精力充沛、不知疲倦。她是我认识的人里最有活力的一个,我感觉只有她是在认真生活的,而我只能算活着。

我女儿特别崇拜我姐姐,姐姐做什么她都很捧场,我姐姐弹古琴,她跳起来拍巴掌鼓掌;我姐姐痴迷书法,她就主动去求"墨宝",有两年我家的对联、福字贴得窗户和墙上全都是;再后来我姐姐热衷绘画,她就拿回家一张又一张抽象的素描或水粉。我对此乐见其成,因为我女儿的精力实在太旺盛了,常常让我感觉吃不消。

一幅涂鸦引发的讨论

我姐姐曾送给我女儿一幅《春日》,我女儿就模仿着画了一幅《秋收》送给她姥姥、姥爷,但并没有收获夸奖而是被严肃地上了一课,小姑娘都茫然了,跑来我和先生这里求安慰。

我就问她姥姥、姥爷都说了什么,我女儿说:"姥姥说,都秋收了怎么水稻还是绿色的?而且庄稼都画得那么矮,一看就不是丰收年。"我这才注意到女儿的画中有很多不符合生活常识的地方,于是我说:"姥姥说得确实有道理,因为姥姥小时候生活在林场,她亲眼看过也亲手种过庄稼。不过这不是你的错,在这

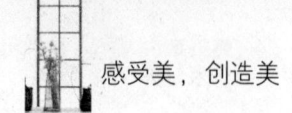

方面母亲也没有姥姥懂得多,我们都没有发言权。这样吧,等到幼儿园放假的时候,我们和姥姥、姥爷一起去姨姥姥家做客,到时候你自己亲眼看看庄稼都是什么样的。"女儿很期待这次做客,她正是对什么都充满好奇的年纪,而且她还从没见过姨姥姥。

这件事的后续是,我们一家、我姐姐一家、我母亲、父亲两人一起去外省的大姨家做客,她家至今依然在林场。我女儿和大姨家的孙子、孙女、小土狗疯玩了几天,每天都把自己弄得像个泥猴。不过她也增长了很多农作物常识,认识了小麦、大豆、水稻、红薯。而母亲,终于回到她结婚前生活的地方,整个人都显得容光焕发。

离开大姨家的时候,最舍不得走的却是父亲。原来他在林场里遇到两个同样爱下棋的老头儿,每天拎着个小马扎日出出门、日落归家。临走时父亲把我们三家的家庭住址和六个人的电话都留给他的棋友,殷切地邀请他们去家里做客。

回到家后,我问女儿:"要不要再画一幅《秋收》呀?"女儿忙不迭地点头:"要!我一定画出一幅最好看的《秋收》!"我与先生相视一笑,汉画也好,宋画也罢,再好的绘画技术也都来源于生活。同样,只要认真观察生活,再稚嫩的笔触也能让人产生共鸣。

用色彩装点生活

单论画我其实更喜欢水墨画。中国水墨画,从落笔为定到慢慢渗透,产生极其微妙丰富的笔墨变化,运用墨色之变化,强调神韵,用墨"书胸中逸气",追求以墨造型,达到舍形而悦影、含质而趋灵的艺术境界,使在纷繁世界中忙碌的人们在感到久违的同时追求一种当代文人的时尚。

第五章
来自生活的艺术之美

水墨画起源于唐朝,创始者是唐朝大诗人、画家,王维。他的作品特点是"诗中有画,画中有诗",山水画整体布局比较优美,能将感情放到山水之中。我有幸在博物院看到他的《雪溪图》,那么简单的颜色,却给人富丽堂皇的感觉。

然而我家里如今色彩繁复,这主要归功于我女儿。在她出生之前,我先生对家里的一切装修摆设都没有任何异议,我曾经偏爱黑白色,好长一段时间家里基本看不见第三种颜色,对此他一概接受。女儿能握住笔以后,我维持多年的设计权被剥夺,时不时看到化妆镜上口红画的太阳和冰箱门上的简笔小乌龟,直到我给女儿买了各式各样的画笔画纸,她的绘画之路才终于步入正轨。

我觉得这样很好。年轻时黑白色的家很好,年轻人充满活力而又善恶分明,我们眼里的世界非黑即白,是和非有绝对的分界线,我们日出而作,日落而息,努力学习,努力工作,为生活更美好而奔波,也把世界装点得更加色彩斑斓。为人母后的色彩喧闹也很好。因为怕我太单调,于是女儿到来与我互补,仿佛生命这个圆的最后一笔彩色,画完了,也圆满了。

8 我的小资生活

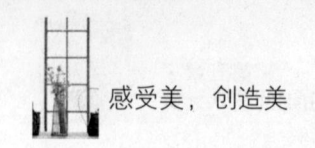

小资生活曾经被错误理解,认为是懒惰、无为的代名词,事实上它是不去盲目地追随奢华的一种表现。放在今天,它更像是一种工匠精神。它要求人不为满足私欲而盲目地追逐金钱,要抱持一种勤恳且耐得住寂寞、回归平凡却又不碌碌无为、精致高雅的生活态度。

生活需要仪式感

我国一直以来有许多工匠,他们在平凡的岗位上细细品味着工作中的乐趣,并且坚守本心。我做非物质文化遗产项目时遇到的传承人就是这样,他们做木雕、做宝剑,老一辈的传承人几十年下来初心不改,他们的弟子中也有二三十岁的年轻人,正渐渐接起父辈的传承,专注于传统行业。

这其中很多都是中国独有的艺术种类,国家担心它们失传,于是让我们这些人去做"抢救"工作。我们拍摄着有关传承、人物生平、技艺工序的故事,探寻匠人的精神之源。我觉得,这才是真正的小资生活,中国的年轻人应该看到它们,并将我们的小资生活继续发扬光大。

我记得《小王子》中有这样一段描写:

"你每天最好在相同的时间来,"狐狸说,"比如你下午四点钟来,那么到了三点我就会很高兴。时间越是接近，我越是高兴。等到四点，我就会坐立不安，我发现了幸福的代价。但如果你每天都在不同的时间来，我就不知道该在什么时候开始期待你的到来……我们需要仪式。"

"仪式是什么？"小王子说。

"这也是经常被遗忘的事情，"狐狸说，"它使得某个日子区别于其他日子，某个时刻不同于其他时刻。"

我们应该让自己的生活与众不同，让每一分每一秒都有它存在的意义。这样才能让精致的生活态度成为一种习惯，才能让美丽的外表背后有更真实的生命气息。

我的先生至今没有在我面前露出一个中年大叔的闲散模样，我是指那种大背心、大裤衩和拖鞋的组合。他周末在家最放松的装扮大概是圆领T恤和运动长裤，起床三分钟之内头发就不会再乱糟糟——与我形成鲜明的对比。他是我们家日常最有仪式感的成员之一，能与其相媲美的只有我姐姐，我姐姐是不出门时也要化上精致妆容的人，有一次看到她往脸上涂防晒霜，我说："你都不出门，为什么连防晒都要涂啊？"对此她的回答是："不能给紫外线一点可乘之机。"

被书籍滋养的幸福

我小时候家里并没有书柜这样的物品，家里除了学习用的书都是随意乱放的，我记得曾经在装杂物的房子里翻出几本特别古旧的书，其中一本是《红楼梦》，好像还缺了几页，但是它和我在别的地方看到的版本都不同，我翻看过一部分，被它勾起了灵感，写过一篇关于《红楼梦》里丫环的作文，被语文老师贴到了学校宣传栏里。可惜我那时太小了，没有意识到这些书的价值，不曾把它们

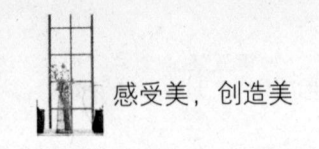

好好保存。

不只如此,我和我姐姐还做过一件让我父亲特别生气的事,我们听了收旧书的人的诱惑,把家里一大箱全是成套的小人书以废品的价格卖给了他,现在想来那都是极有收藏价值的。

也许是为了弥补小时候的遗憾,我和姐姐后来都在家里装了整面墙的书柜,我们四处搜罗各种名著,中国的,外国的,把自己喜欢的、听说的、别人都说好的书全买回家囤起来,每天读一点,剩下的打算等退休后再一一读完。

我曾经也想给父母囤出一个书柜,我给母亲买她喜欢的各种有关中医、养生、健康的书,又给父亲买《三侠五义》《福尔摩斯探案集》,可是这些书更多是被冷落,我父亲如今对下棋的兴趣远远大过读书,而我母亲喜欢围着厨房打转。我父亲劝我说:"别再给我们买书了,我们年纪大了,眼神没那么好,看书怪累的。"我当时还唏嘘了一下,觉得他们那个年代的人可怜,年轻时好像都在为子女辛苦拼搏,没有机会做自己喜欢的事。可是我看着母亲笑呵呵地让我们吃她新研究出的菜品,看着父亲美滋滋地拎着水壶出门找棋友,我觉得自己想多了,他们未必不是在过自己想要的生活。

但我的确更喜欢书,有时候闻着书里散发出来的墨香就觉得自己好幸福。我家里的书多到可能一辈子都读不完,可我还是办了市里好几家图书馆的借书卡。我喜欢靠在书架上读书的悠闲,也喜欢听书页翻动的沙沙声。每当我走在一排排书架间,就会抛开一切俗世的烦恼,仿佛时光在这一刻为我停驻。"蹉跎莫遣韶光老,人生唯有读书好。"

观影如观人生

电影对当代人而言，可以说是必不可少的精神食粮。每当有新片上映，人们或带上孩子、或和爱人一起、或与闺蜜好友相约走进影院，放松身心。

也许有人会问，为什么要看电影呢？我们都知道，书读多了，容颜自然会改变，它们会留在你的气质里、谈吐上、胸襟中，而看电影也一样。我们每看一部经典的好电影，就像多活了一辈子，电影给我们提供了一段我们不曾拥有的时光，能让我们看到不同人的人生际遇，看到不同地方的人文风貌，看到不同性格的人对待生活的方式与态度。我们何其有幸能透过电影去见识不一样的世界。

我曾经是一个喜欢文字的人，我的愿望是当一个作家。后来跟随父母去看了一场电影，奥黛丽·赫本的《罗马假日》，我发现那个公主的美丽灵动可能只靠文字无法完整表达，于是我的新愿望就成了当编剧，并且有一个附带愿望是希望自己日后能嫁一个导演，这样我想要的画面就都能不打折扣地呈现出来了。

我想看电影的时候我们大概也像在看自己的一生，不一定完全一致，但那些道具、那些场景，或是主人公的某个表情动作，总会有那么一个瞬间让我们如梦初醒，心里想：那不就是我吗？那不就是我的生活吗？